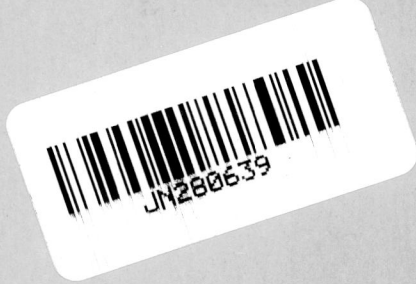

PANZERTALES

WORLD TANK MUSEUM illustrated

ワールド タンク ミュージアム図鑑

モリナガ・ヨウ［著］

大日本絵画

序文 Foreword

世の中の潜在的な“戦車好き”を目覚めさせた、モリナガイラストのライトな毒気

宮脇修一（株式会社海洋堂　代表取締役社長）

ワールドタンクミュージアム（以下WTM）の企画をはじめて、もう5年になる。

当時チョコエッグの動物フィギュアを引きがねとした食玩ブームが巻き起こっていた。ノンキャラクターもののリアルな模型が商品になりうるという状況が生じたのだ。私がもっとも愛する模型である《戦車》というジャンルを、食玩というかたちで自ら手がけるチャンスを得たのである。だから、この企画を月刊『モデルグラフィックス』（以下MG）で最初に発表したころは、《チョコタンクシリーズ》と勝手に命名された。

だが、当時がいくら食玩ブームとはいえ、なんでもかんでもお菓子といっしょにすれば売れるというほど甘くはない。戦車というアイテムは、女性にも現代っ子にも相手にされるとは思えない。本当に一部のマニアしか目にとめてくれない可能性が高かった。そのマニアの数はどれくらいいるのだろう？　1/35スケールの戦車プラモデルの新発売数が１万個ぐらいの市場であり、唯一の戦車模型専門誌である月刊『アーマーモデリング』誌の発行部数も数万である。食玩のような「すごく大量に、でもすごく安く」という商品が成立するようなマーケットとはまったく逆であろうことは、この世界に40年かかわってきた私には充分すぎるほどわかっていた。

しかし、コアなユーザーは少なくても、「じつは戦車が好き」なライトユーザーはものすごい数になるのではないか？　それら《浮動票》に訴えかけ、彼らを動かせば、もしかして何か大きな爆発を起こせるのではないだろうか？　そんな淡い期待でこの企画をたてたのである。

むろん、そんなのは単なる希望的観測であり、［2万人のコアユーザーにひとり10個買ってもらってなんとか赤字にならないようにしようキャンペーン］をMG誌で展開してもらおうと、本気で計画する悲惨な状況だったのだ。

精密模型のほうは、海洋堂の秘密兵器、谷明を投入し、形ができあがってきた。あとは、この小さな戦車をどう《浮動票》に売り込むかである。

コアユーザーに目配せをしつつ、浮動票へ「何をしたいか」をわかってもらうために、元プラモ少年の心に響くような製品パッケージを考えた。スケールモデル並のクオリティを目指すことを表明するために、プラモデルのテイストをたっぷり盛り込んだ。パッケージアートは、私がもっとも描いてほしかった大西将美画伯にお願いした。

そして商品の中には、プラモデル以上の情報を盛り込んだ解説書を入れたいと考えた。戦車を知っていることを前提にした解説ではなく、戦車を知らない人間が楽しめ、さらに次の戦車が欲しくなるような解説書を。《浮動票》をがっちり取り込むのはどうすればいいだろう？

そこに、強力な援軍が現れた。モリナガ・ヨウ氏である。

GENERAL-MIYAWAKI

モリナガ氏といえば、MG誌の連載『35分の1スケールの迷宮物語』のあまりの面白さで、ミリタリーモデルファンのあいだでその名を知らぬものはない存在であった。その氏に解説イラストをお願いしたら､戦車の「せ」の字も知らない女性でさえ読んでくれる解説書ができるのではないか？　MG誌に氏を紹介していただき、氏が早速描いてくれたラフスケッチを見たとたん「これはいける！」と確信した。なにがなんでも、氏のカラーイラストを解説のメインにしたいと考えた。

モリナガ氏の本来の仕事は、さまざまな出来事のルポやインタビューをイラストを中心にまとめるものだと、氏と話していてわかった。モリナガ氏はそれらの経験をもとに、戦車というとんでもない道具を使うことになった乗員や運用する人間、そして戦場でそれと戦う兵士たちを彼らの目線で描こうとした。そして、これまでの戦争漫画や戦記物小説とはひと味違った、まさに戦車運用ルポ漫画とでもいうべき、まったく新しい形の作品を完成させていったのである。

特筆すべきは、氏が描く戦車が決して《スーパーメカ》に描かれていないということだ。むしろどれほどやっかいで格好悪いものなのかを事細かに報告してくれる。私をふくめ、戦車マニアはキングタイガーを、連合軍の対戦車砲をガンガンはじき返す無敵の戦車だと脳内妄想しがちである。だが、モリナガ氏のルポは、キングタイガーの乗員が、いかにとんでもなくひどい目（釣り鐘の中で外からたたかれているような目）にあってるかを描く。氏のイラストルポを見ていると「たしかにそーだよなぁ」と改めて膝をうち、仲間とそれを語りたくなるのだ。マニアもライトユーザーも楽しめる《戦車トリビア》が、ここに誕生したのである。

氏の絵柄は誰にも拒否反応のない清潔感あふれるものである。だが、決してそれだけではない。その独自のタッチの似顔絵は、少ない線でかわいらしいにもかかわらず、ぴりっと毒っけもまじっている。私をはじめこの業界関係者、そして歴史上の人物さえもすべてモリナガタッチに変換される。どう見てもリアルとはいえないのに、誰が見ても「あの人だ」とわかる、そのディフォルメテクニックはじつに見事だ。

モリナガ氏のイラストは、例えていえば、1940年のフランス電撃戦における急降下爆撃機スツーカのような効果としてあらわれた。2002年に発売されたWTM第一弾100万個は瞬時に完売。その後も2005年秋発売の第8弾までで、累計1500万個（！）を売り上げた。世の中に眠っていた《浮動票＝ライトな戦車好き》が浮上してくる大きな力となったのだ。ここまでの戦果は、モリナガ氏の力なくしては成し得なかったと考えている。

今後もモリナガ氏のイラストはまだまだ進化し、WTMを盛り上げてくれることだろう。いちファンとして私が一番楽しみにしている。

OFFICER-HIRANO

MACHINE GUNNER-TANI, RUNNING

本書は、1/144スケールで再現された戦車モデルをテーマにした食玩（玩具つき菓子）シリーズ『ワールドタンクミュージアム』（以下WTM）の解説書用に描かれた、モリナガ・ヨウ氏のイラストを集約した戦車ビジュアル図鑑です。

WTM第１弾～７弾と、赤外線コントロールWTMの解説イラスト計54点をまとめ、あわせてWTMの商品もリスト化。また各戦車のエピソード、実車基本データも付記し、WTMファンはもちろん、ビギナーからマニアまで広く戦車ファンに楽しんでいただける内容となっています。

戦車という《ダメな乗り物》を、正面から描かず、斜めから見つめたモリナガ氏のまなざしを、皆さんに感じとっていただけたら幸いです。（編集人）

目次 CONTENTS

■本書での各戦車名称の表記について

各戦車の名称は、本書を構成するうえで統一した表記をとっているため、一部の名称は発売された商品の正式名称とは異なる場合があります。商品写真に付記された番号順の名称が、発売された商品の正式名称です。ご了承ください。

PANZERTALES

WORLD TANK MUSEUM

ワールド タンク ミュージアム

Series 01

- 1:TIGER I (Late Production) 3-Colors Scheme
- 2:TIGER I (Late Production) Winter camouflage
- 3:TIGER I (Late Production) Mono-color Scheme
- 4:M4A1/76 SHERMAN Winter camouflage
- 5:M4A1/76 SHERMAN Mono-color Scheme
- 6:M4A1/76 SHERMAN 2-colors Scheme
- 7:88mm Flak 36 Afrika front
- 8:88mm Flak 36 Eastern front
- 9:88mm Flak 36 Europe front
- 10:Pz.Kpfw.IV Ausf.J Mono-color Scheme
- 11:Pz.Kpfw.IV Ausf.J 3-Colors Scheme
- 12:Pz.Kpfw.IV Ausf.J Winter camouflage
- 13:T-34/85 Mono-color Scheme
- 14:T-34/85 Winter camouflage
- 15:T-34/85 Air identification marking
- 16:ELEFANT Winter camouflage
- 17:ELEFANT Mono-color Scheme
- 18:ELEFANT 3-Colors Scheme
- SECRET ITEM:MICHAEL WITTMANN

ワールド タンク ミュージアム・シリーズ01

■ 1：ティーガーⅠ後期型重戦車・3色迷彩（ドイツ・1944年-45年）
■ 2：ティーガーⅠ後期型重戦車・冬季迷彩（ドイツ・1944年-45年）
■ 3：ティーガーⅠ後期型重戦車・単色迷彩（ドイツ・1944年-45年）
■ 4：M4A1/76シャーマン・冬季迷彩（アメリカ・1944年-45年）
■ 5：M4A1/76シャーマン・単色迷彩（アメリカ・1944年-45年）
■ 6：M4A1/76シャーマン・2色迷彩（アメリカ・1944年-45年）
■ 7：88ミリ高射砲36型・アフリカ戦線（ドイツ・1939年-45年）
■ 8：88ミリ高射砲36型・東部戦線（ドイツ・1939年-45年）
■ 9：88ミリ高射砲36型・欧州戦線（ドイツ・1939年-45年）
■10：Ⅳ号J型中戦車・単色迷彩（ドイツ・1944年-45年）
■11：Ⅳ号J型中戦車・3色迷彩（ドイツ・1944年-45年）
■12：Ⅳ号J型中戦車・冬季迷彩（ドイツ・1944年-45年）
■13：T34/85中戦車・単色迷彩（ロシア・1944年-45）
■14：T34/85中戦車・冬季迷彩（ロシア・1944年-45）
■15：T34/85中戦車・対空識別（ロシア・1944年-45）
■16：エレファント重駆逐戦車・冬季迷彩（ドイツ・1944年-45年）
■17：エレファント重駆逐戦車・単色迷彩（ドイツ・1944年-45年）
■18：エレファント重駆逐戦車・3色迷彩（ドイツ・1944年-45年）
■シークレットアイテム：ミヒャヘル・ヴィットマン

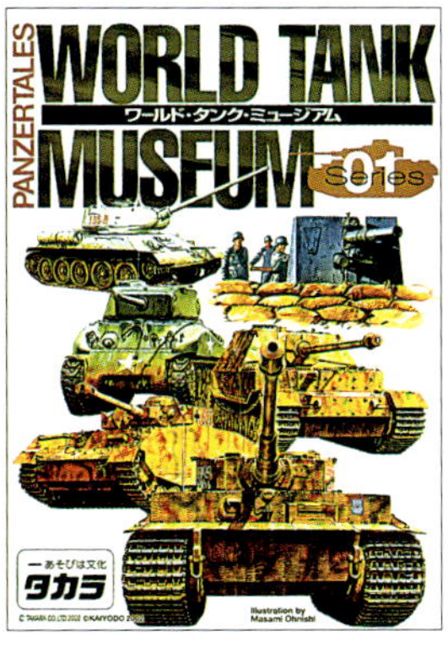

■2002年5月発売（生産数100万個）
■造形企画制作／株式会社海洋堂
■原型制作／谷明
■発売者／株式会社タカラ
■販売者／株式会社ドリームズ・カム・トゥルー
■BOXアート／大西将美
■㊮チョコレート入り、250円
■記念すべき第1弾のラインナップは、見た瞬間にシルエットで区別できる車種が選ばれた。ティーガー、T34、M4などは定番だが、エレファントに関しては宮脇専務の趣味が反映されたという。パッケージや解説書の編集制作は月刊『モデルグラフィックス』の編集を手がける（株）アートボックスが担当。ロゴタイプのデザインは同誌のデザイナー横川 隆氏によるもの。

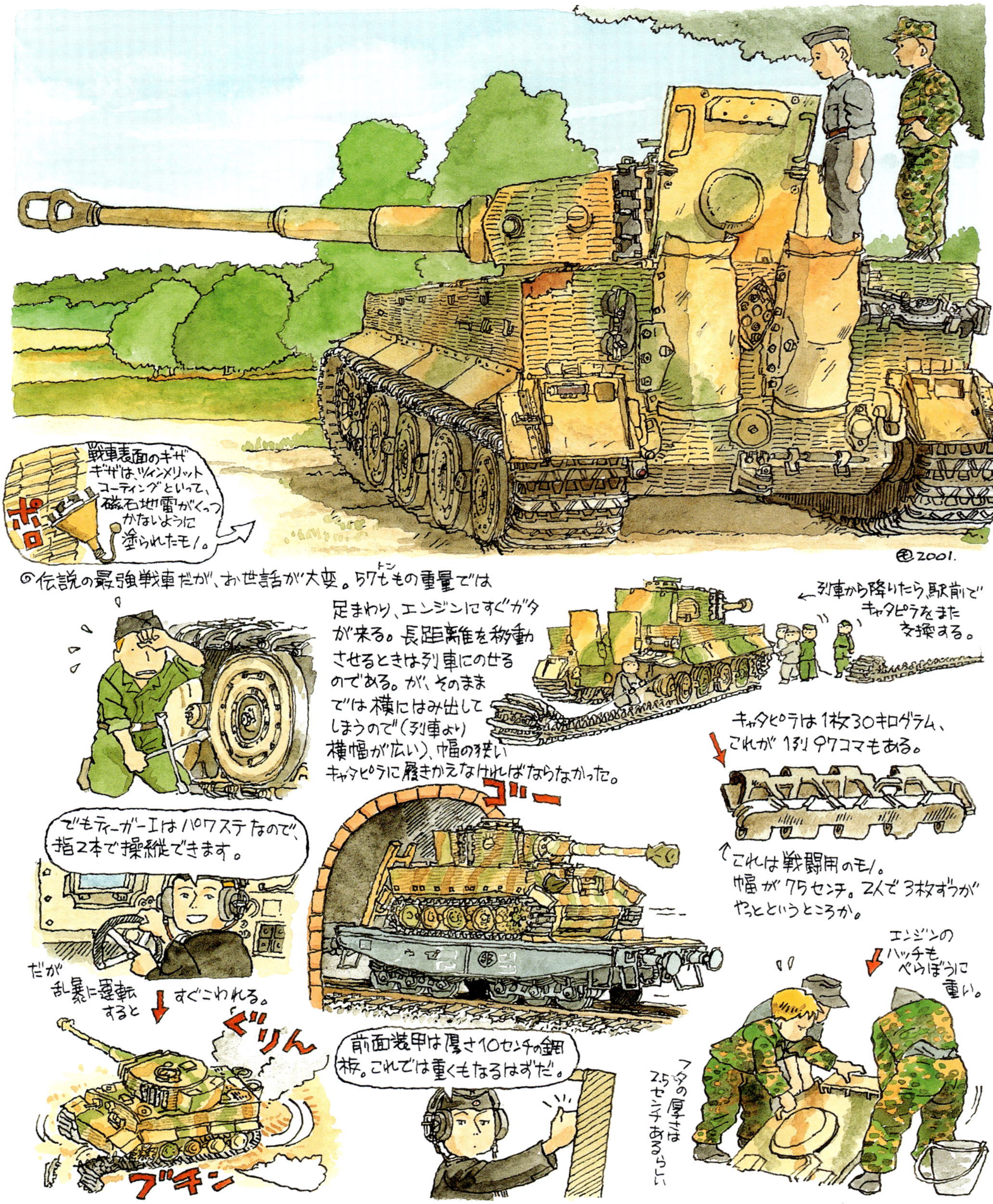

戦車表面のギザギザは、ツィンメリットコーティングといって、磁石地雷がくっつかないように塗られたモノ。
ポロ
Ⓜ2001.
◎伝説の最強戦車だが、お世話が大変。57t《トン》もの重量では足まわり、エンジンにすぐガタが来る。長距離を移動させるときは列車にのせるのである。が、そのままでは横にはみ出してしまうので（列車より横幅が広い）、幅の狭いキャタピラに履きかえなければならなかった。
←列車から降りたら駅前でキャタピラをまた交換する。
キャタピラは1枚30キログラム、これが1列97コマもある。
これは戦闘用のモノ。幅が75センチ。2人で3枚ずつがやっとというところか。
ゴー
でもティーガーIはパワステなので、指2本で操縦できます。
だが乱暴に運転すると すぐこわれる。
ぐりん
ブチン
前面装甲は厚さ10センチの鋼板。これでは重くもなるはずだ。
エンジンのハッチもべらぼうに重い。
フタの厚さは2.5センチあるらしい

ティーガーⅠ型重戦車 後期型（ドイツ・1944-45年）

■1：ティーガーⅠ後期型重戦車・3色迷彩（ドイツ・1944-45年）
■2：ティーガーⅠ後期型重戦車・冬季迷彩（ドイツ・1944-45年）
■3：ティーガーⅠ後期型重戦車・単色迷彩（ドイツ・1944-45年）

SPECIFICATION

重量：57t
全長：8,450㎜
全幅：3,780㎜
全高：2,930㎜
装甲厚：25〜100㎜
兵装：8.8㎝砲×1門
　　　機関銃×2挺
速度：38㎞/h
乗員：5名
生産台数：1,354両（初期型〜後期型）

ドイツ人ってマニアですね

世の中には伝説が多い。なかには実質の伴わないインチキなものもあるが、《無敵戦車ティーガーの伝説》は本当だった。戦記を読むと実際、異様なまでに強い。形は無骨で古めかしいが、内容は当時のハイテクの塊であった。そして高額で、生産にも組織運用にも手間とお金がかかった。第二次大戦というのは、大規模な総力戦だったので、ティーガーのようなヒーローががんばって敵戦車を何百両かやっつけてみたところで、戦局にはたいした影響がなかった。事実、ドイツの軍需大臣も、こんなややこしい戦車はやめて、アメリカのM4シャーマンのような戦車を大量生産しようと、ヒットラー総統に進言した。弱くて、すぐやられても、そのぶん数を作って敵を圧倒できる。だが、総統をはじめドイツ人は、戦争に勝つことよりも《伝説作り》に熱を入れてしまったのである。
（解説／梅本 弘）

ノルマンディー戦線で撃破されたティーガーⅠ型（後期型）。戦車エース・ヴィットマンが最後に乗車した車両（007号車）で、WTM第１弾のシークレットアイテムはこの車両のありし日の姿を再現したものだ（20頁参照）。

M4A1 Sherman

M4A1シャーマン中戦車 （アメリカ・1944-45年）

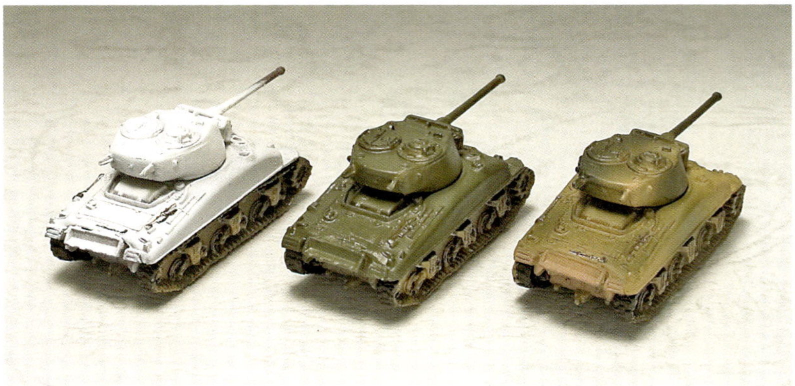

■4：M4A1/76シャーマン・冬季迷彩（アメリカ・1944-45年）
■5：M4A1/76シャーマン・単色迷彩（アメリカ・1944-45年）
■6：M4A1/76シャーマン・2色迷彩（アメリカ・1944-45年）

SPECIFICATION

重量：30.1t
全長：7,540㎜
全幅：2,990㎜
全高：2,970㎜
装甲厚：19～89㎜
兵装：76㎜砲×1門
　　　機関銃×2挺
速度：42km/h
乗員：5名
生産台数：3,426両

アメリカの合理主義は怖いねー

さて、第二次大戦中のアメリカ軍の主力戦車。乗り心地よく、車内にも細かな配慮があり、生産性、経済性も高く、戦場でも、じつに役に立つ強力な戦車だった。ただし、ドイツ軍の戦車に出会わなければの話。「池のアヒルみたいに簡単にやられちまう」と、アメリカの戦車兵から苦情が殺到。しかし、じつは、アメリカ軍は最初からこれは予測していた。でも、どうせドイツの戦車に出会うことなんて滅多にないんだから、生産性とドイツの歩兵や陣地を撃ってやっつける能力を優先した戦車を作ったわけだ。たまにドイツの戦車に出会ったら「運命と思って諦めろ、戦争に犠牲はつきものさ」という計算尽く。しかし、あまりに一方的にやられ過ぎ、放っておくとアメリカ軍戦車兵全員の士気が落ちるので、長砲身の76㎜砲を積んだ新型を作った。これでなんとかドイツ戦車と互角に撃ち合えるようになった。（解説／梅本 弘）

ノルマンディー戦線で撃破されたM4シャーマン。ドイツ軍のパンターやティーガーの主砲に狙われたらかなわないので、予備履帯を車体にくくりつけて防護しているが、結局やられてしまったらしい。

8.8cm Flak36

・88ミリ砲はもともと高射砲（敵の飛行機を撃ち落とす砲）として作られた。地上の標的を攻撃するのも具合がいいので、対戦車砲としても使われる。
※ドイツでは8.8センチ砲と呼ぶ。
1941年のアフリカでの戦いで、イギリス戦車をずいぶん破壊している。
イギリスのマチルダ戦車。88ミリ以外歯が立たなかった。
高射砲で戦車を撃つなんて卑怯ですな。
高射砲でしか撃ち抜けない戦車で攻めてくるのはもっと卑怯だ
強力な敵戦車には普通の対戦車砲は全く歯が立たず、88ミリ砲の水平射撃でやっと止めたという。
50mm.
37mm
88mm
要するに後方の砲兵陣地まで敵が入ってきちゃった訳なんだが。
88ミリ砲の発射音は独特で、兵士達はその音を聞くと「8・8（アハト・アハト）だ」と沸きかえったそうだ。
の大砲なので自力では動けない。牽引車で引っぱるが、時には人力で。大変なのだった。

8.8cm高射砲36型 （ドイツ・1939-45年）

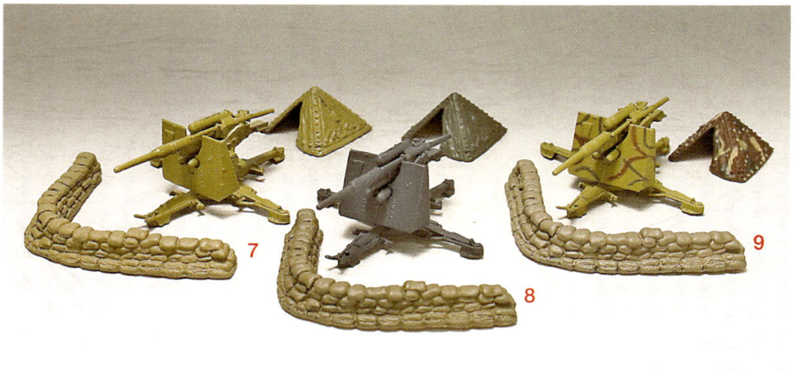

■7：88ミリ高射砲36型・アフリカ戦線（ドイツ・1939-45年）
■8：88ミリ高射砲36型・東部戦線（ドイツ・1939-45年）
■9：88ミリ高射砲36型・欧州戦線（ドイツ・1939-45年）

SPECIFICATION

重量：6,861㎏
砲身長：4,930㎜
最大射程：10,600m
装甲貫通力：87㎜
（射距離1000m、30°傾斜、対戦車徹甲弾使用）

変なアンケート調査をしたもんだね

高射砲と言うくらいだから、もともと飛行機を撃つために作られた大砲である。高速で空を飛ぶ飛行機を撃つには命中精度が高く、威力のある砲弾を迅速に射撃しなければならない。こういう大砲ならば、飛行機ばかりでなく、地上の目標を狙って撃っても、相当な威力を発揮する。実際ドイツ軍は、第二次大戦中、この高射砲で戦車を撃ったり、敵の陣地や、歩兵部隊を撃ったり、さまざまに活用。1943年に北アフリカのアメリカ軍野戦病院で、負傷兵にアンケートしたら、ドイツ軍の怖い兵器ナンバーワンはダントツでこの88ミリ砲だった。ちなみに2番は急降下爆撃機、3番が迫撃砲、4番が水平爆撃機と、いつまでたっても《戦車》はない。戦車は9番《その他》のなかのひとつだったって。戦争というと、戦車を連想しがちだけど、実際の戦場では、案外影が薄いものなんだね。（解説／梅本 弘）

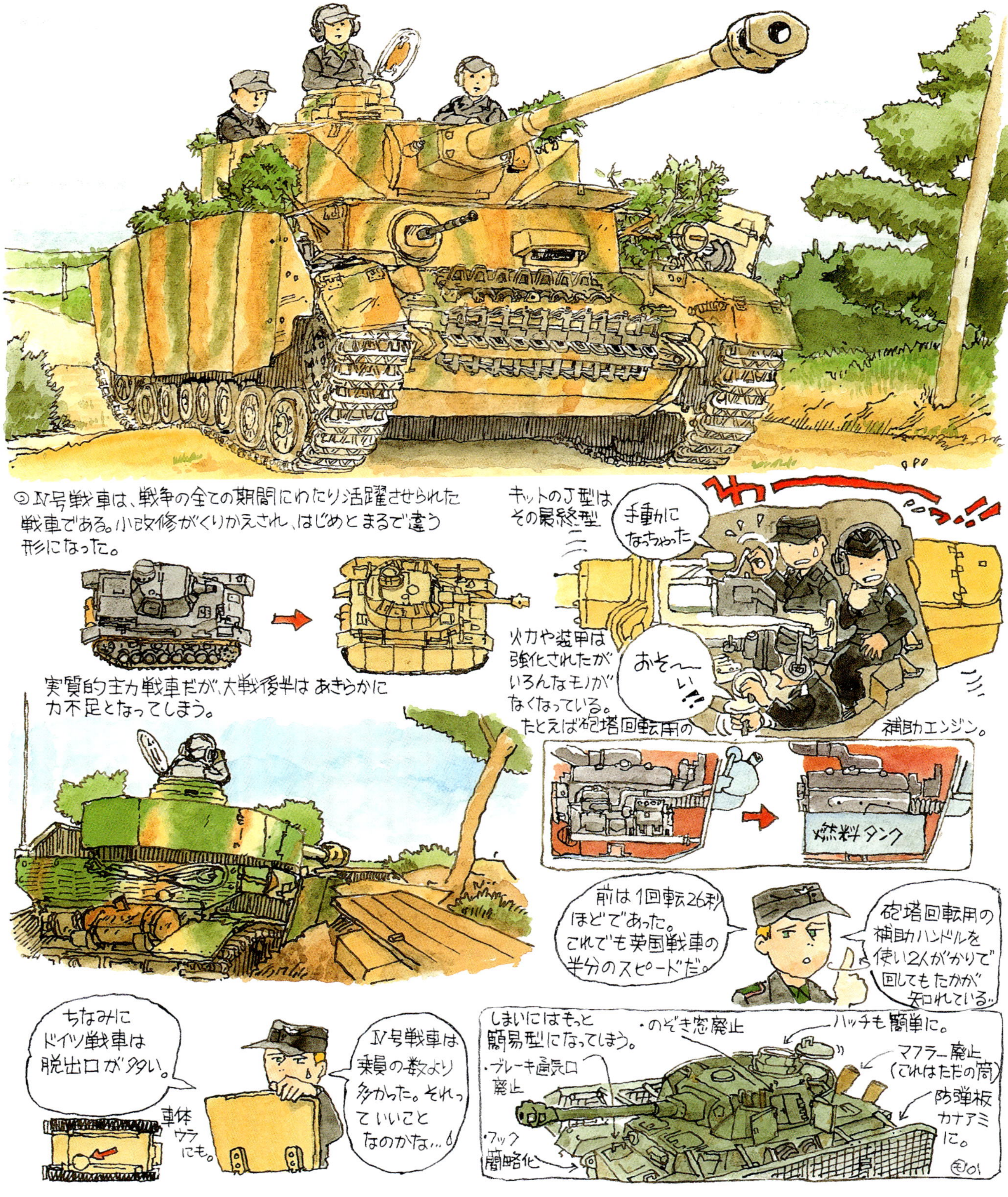

②Ⅳ号戦車は、戦争の全ての期間にわたり活躍させられた戦車である。小改修がくりかえされ、はじめとまるで違う形になった。
実質的主力戦車だが、大戦後半はあきらかに力不足となってしまう。
キットのJ型はその最終型
火力や装甲は強化されたがいろんなモノがなくなっている。
たとえば砲塔回転用の補助エンジン。
わ〜〜〜っ!!
手動になっちゃった
おそ〜〜い!!
燃料タンク
前は1回転26秒ほどであった。これでも英国戦車の半分のスピードだ。
砲塔回転用の補助ハンドルを使い2人がかりで回してもたかが知れている…
ちなみにドイツ戦車は脱出口が多い。
車体ウラにも。
Ⅳ号戦車は乗員の数より多かった。それっていいことなのかな…
しまいにはもっと簡易型になってしまう。
・のぞき窓廃止
ハッチも簡単に。
・ブレーキ通気口廃止
マフラー廃止(これはただの筒)
防弾板カナアミに。
・フック簡略化

Ⅳ号J型中戦車 （ドイツ・1944-45年）

■10：Ⅳ号J型中戦車・単色迷彩（ドイツ・1944-45年）
■11：Ⅳ号J型中戦車・3色迷彩（ドイツ・1944-45年）
■12：Ⅳ号J型中戦車・冬季迷彩（ドイツ・1944-45年）

SPECIFICATION

重量：25t
全長：7,020㎜
全幅：2,880㎜
全高：2,680㎜
装甲厚：10〜80㎜
兵装：7.5㎝砲×1門
　　　機関銃×2挺
速度：38〜42㎞/h
乗員：5名
生産台数：1,758両

下手な考え休むに似たり

理論と実際と言うのは常に相反するもので、戦争前に、こんな感じかな、と思って作っても、実際に使ってみると、あれも足りない、これも足りない。その典型が、第二次大戦中のドイツ軍主力戦車であるⅣ号戦車。とにかく、ああしようこうしようのモデルチェンジが、A型から始まってJ型まで、なんと10種類（I型はないけど、F型が2種類ある）。で、このJ型では、装甲板も極限まで厚くし、大砲も載せられる限り強力なのを搭載、そのほか、これ以上、もう何も載せられません、というくらい最初の設計になかった物を強引に積んでいるので、なにかと無理もあり、ごてごてと姿も垢抜けないが、終戦まで連合軍の戦車と互角に戦った。「これ以上積まれたらたまらん」と、Ⅳ号戦車は、終戦を迎えて、ホッとしたことだろう。
（解説／梅本 弘）

蛇足コラム

☆1967年の中東戦争で、シリア軍はⅣ号戦車を使用したそうである。スペイン経由で入手したらしい。昔のタミヤのプラモ組み立て説明書にあった、模型少年必修ネタです。

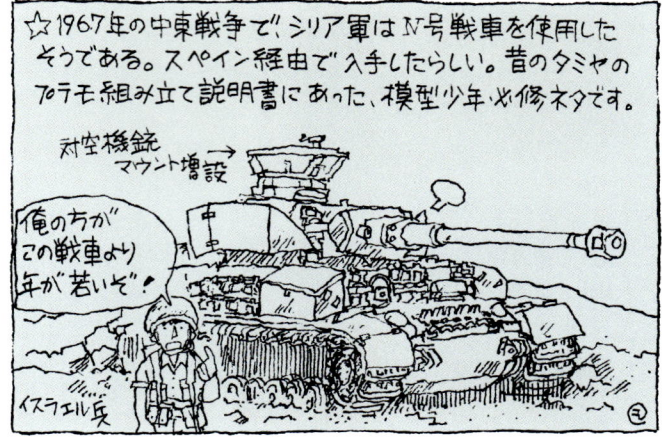

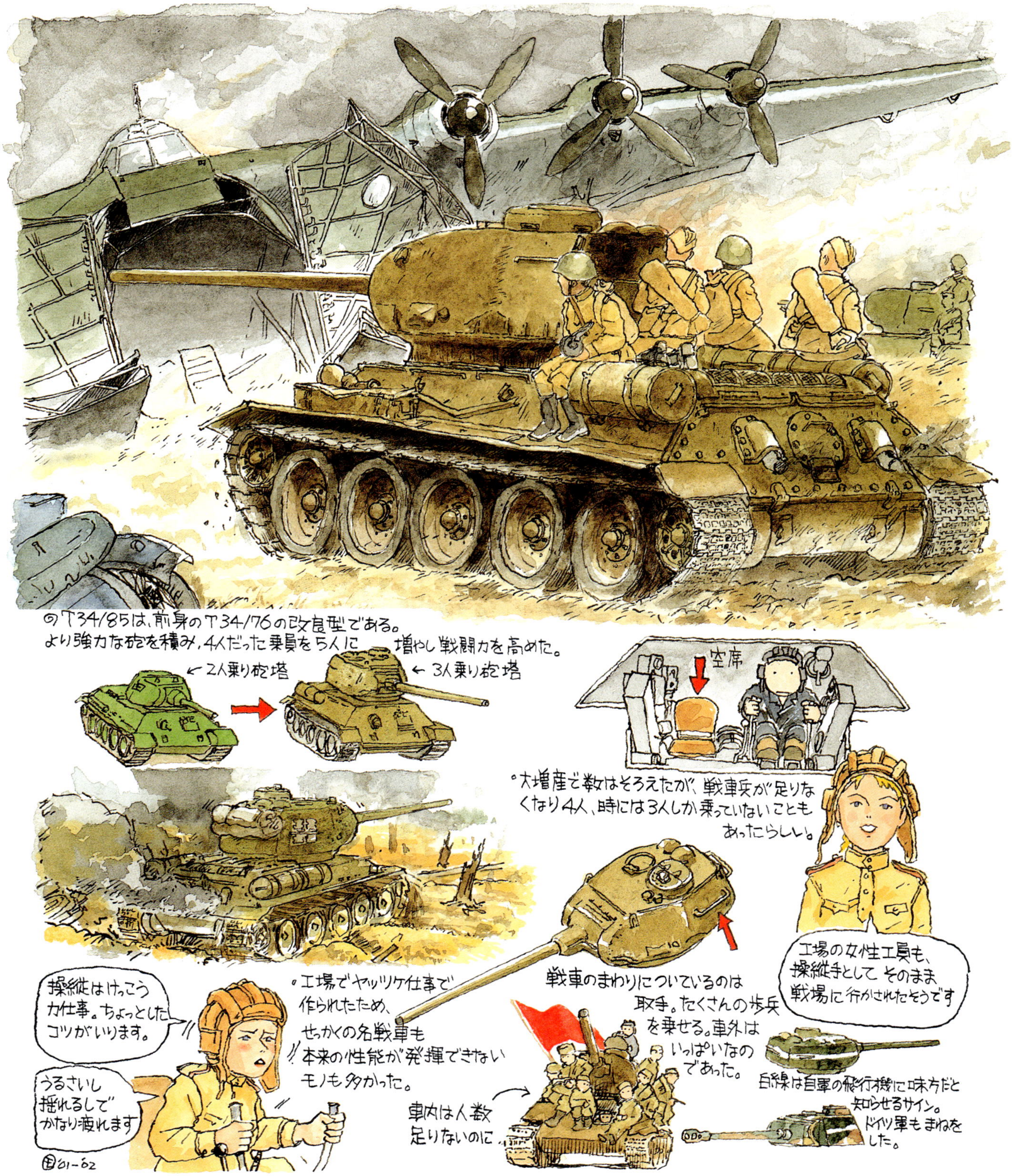
のT34/85は、前身のT34/76の改良型である。
より強力な砲を積み、4人だった乗員を5人に 増やし戦闘力を高めた。
← 2人乗り砲塔
← 3人乗り砲塔
空席
°大増産で数はそろえたが、戦車兵が足りなくなり4人、時には3人しか乗っていないこともあったらしい。
操縦はけっこう力仕事。ちょっとしたコツがいります。
うるさいし揺れるしでかなり疲れます
°工場でヤッツケ仕事で作られたため、せっかくの名戦車も本来の性能が発揮できないモノも多かった。
戦車のまわりについているのは取手。たくさんの歩兵を乗せる。車外はいっぱいなのであった。
車内は人数足りないのに
工場の女性工員も、操縦手として そのまま戦場に行かされたそうです
白線は自軍の飛行機に味方だと知らせるサイン。ドイツ軍もまねをした。
01-02

T-34/85中戦車 （ロシア・1944-45年）

■13：T34/85中戦車・単色迷彩（ロシア・1944-45年）
■14：T34/85中戦車・冬季迷彩（ロシア・1944-45年）
■15：T34/85中戦車・対空識別（ロシア・1944-45年）

SPECIFICATION

重量：32t
全長：8,100㎜
全幅：2,987㎜
全高：2,377㎜
装甲厚：18～75㎜
兵装：85㎜砲×1門
　　　機関銃×2挺
速度：49.8㎞/h
乗員：5名

ロシア人が作るとこうなっちゃうのよ

この戦車の優れたところ：高速、装甲防御力が高い、火砲の威力が大きい、航続距離が長い、生産性が良い。欠点：外がよく見えない、乗り心地と使い勝手が悪い、無線がよく通じない、砲弾の格納場所が悪く連続射撃ができない、走行時の騒音が大きい。結論から言えば、この戦車を大量に使ったソ連は、第二次大戦に勝ったんだから、いい戦車なんだけど、その乗員にとって良かったかどうか。戦車に必要な三大要素、攻撃力、防御力、機動性能は整えてやったし、数も多いんだから、あとは少々ダメでも我慢して、犠牲が出てもいいから、とにかく数と力で押し切って勝て、と言う戦車。ちなみに、ソ連は第二次大戦中にこの戦車を5万5千両作ったけど、なんと4万5千両が戦闘で破壊されてしまった。人権、人命を軽視した、乗せられる人間には、たまらん戦車だ。（解説／梅本 弘）

蛇足コラム

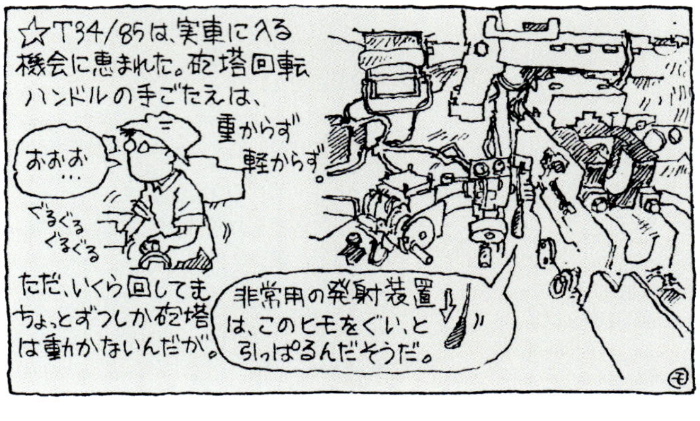

◎無敵の巨砲と、ぶ厚い装甲板をもつ重駆逐戦車
（戦車を破壊する戦車）、それがエレファントである。
車体はたいへんに大きいが、
大砲も大きく
車内は意外
と狭い。
前面装甲
200ミリ….
20センチですよ!!
戦闘がおわると
すすだらけになる。
乗員の普段の仕事は
足まわりの修理ばかり
だったらしい
当然のことながら、べらぼうに重く
（65t）、橋は落とすわ 泥に
めりこむわ 大変であった。
道なき道を進むのが戦車のイメージ
であるが、エレファントは違っていた。
進撃するにあたり、先に誰かが
「走れる地面かどうか」見てくる必要が
あったのである。

エレファント重駆逐戦車 （ドイツ・1944-45年）

■16：エレファント重駆逐戦車・冬季迷彩（ドイツ・1944-45年）
■17：エレファント重駆逐戦車・単色迷彩（ドイツ・1944-45年）
■18：エレファント重駆逐戦車・3色迷彩（ドイツ・1944-45年）

SPECIFICATION

重量：65t
全長：8,140㎜
全幅：3,380㎜
全高：2,970㎜
装甲厚：25～200㎜
兵装：8.8㎝砲×1門
　　　機関銃×1挺
速度：30㎞/h
乗員：6名
生産台数：90両

心配症って損ですね

何につけ、進化も過ぎると「恐竜的進化」とか、無駄で不合理呼ばわりされてしまう。ドイツ軍の88ミリ砲と言うのは、もの凄く強力な大砲で、当時、世界に存在するどんな重戦車でも遠距離から撃破することができた。しかも命中精度が高く、短時間でたくさん撃てる。ところが、ドイツ人は《先見の明》過剰で、この88ミリ砲を備え、第二次大戦中、無敵と言われた自分たちの「ティーガー重戦車より、敵が強いのを作ったらどうしよう」と心配。装甲板がティーガーの2倍も厚く、その88ミリ砲をさらに強力にした《超88ミリ砲》を積んだエレファントを作った。とうぜん、これも無敵なんだけど、強力にし過ぎて、重いわ、燃費は悪いわ、使いにくい。けっきょく終戦までこのエレファントがほんとうに必要になるほど強い連合軍戦車は現れず、「無駄に強い」として名を残すことになった。
（解説／梅本 弘）

エレファントは、最初フェアディナントと呼ばれており、1943年７月のクルスクの戦いに投入された。その後、車体に機関銃を装備したり履帯を新型にするなどの改修を受け、エレファントと改名された。

ヴィットマンの007号車
シークレットアイテム
138
えと文/モリナガ・ヨウ
シークレットアイテムを当ててておめでとう！
さて、ヴィットマンは日本で(世界で？)最も有名なティーガー戦車エースである。昔の模型の組立説明書に細かくその活躍ぶりが書かれていて、一定世代以上の人々には特別な思い入れのある存在である。
やっつけた戦車は138台。敵の大砲なんかも入れるともっとすごい数に。
戦時中も有名で、勲章もいっぱいもらった。戦意昂揚の意味もあったのかもしれない。スターは必要なのである。
宣伝写真にあるハデなマーキング。
1944年のビレール・ボカージュの闘い。彼はここで敵の大部隊を、自分の戦車だけで粉砕した。細かいエピソードはいろいろあるんだが、だいたいこんな感じである。
ふん、もう勝ったと思っているな
そうらしい。では教育してやるか
231
やられメカとして歴史に残ってしまったイギリスのクロムウェル
偉いのは大砲の狙いをつけた砲手じゃないか？という話もあるが、乗員をまとめて戦車を生きもののように動かすためには車長の責任は重大なのだった。
007
←キットと番号が違うのは、戦車が故障すると兵達は動ける別のに乗りかえるから。これは彼が最後に乗っていた戦車だ。
車内の通話装置は乗員のつばをのみこむ音までひろってしまう。一体感はかなりのモノだったのではないか？
最近の研究では、ヴィットマンは待ちぶせしていた「ファイヤフライ」にやられてしまったらしい。1944年8月のことであった。
1輌だったそうだ。

ミヒャエル・ヴィットマン （ドイツ・1914-1945年）

■シークレットアイテム：ミヒャヘル・ヴィットマン

SPECIFICATION

重量：57t
全長：8,450㎜
全幅：3,780㎜
全高：2,930㎜
装甲厚：25〜100㎜
兵装：8.8㎝砲×1門
　　　機関銃×2挺
速度：38km/h
乗員：5名
生産台数：1,354両（初期型〜後期型）

戦車の有名人てのも居るんですね

　人には向き不向きと言うのがあって、時に、ティーガー重戦車向きの人もいたりする。こういう人は、戦争が起こって、しかも、たまたまドイツ軍の戦車兵として《伝説の重戦車》ティーガーに乗る巡り合わせがなかったら、ただのおっさんとして地味な一生を送ったかもしれない。ミヒャエル・ヴィットマンSS大尉は、連合軍の戦車をなんと138両も撃破して、当時、ドイツが英雄としてずいぶん宣伝したうえ、有名なノルマンディーの戦いで驚くべき大活躍をした直後、悲劇的な死を遂げると言うドラマ性もあって、戦後、まずドイツで彼の本が出版され、次いでタミヤのプラモデルの説明書で活躍ぶりが紹介されたり、そのうち彼の戦歴を描いた劇画まで出版され、またアメリカでは彼の写真集も出たりして、いまや世界で一番有名な戦車兵となってしまった。（解説／梅本 弘）

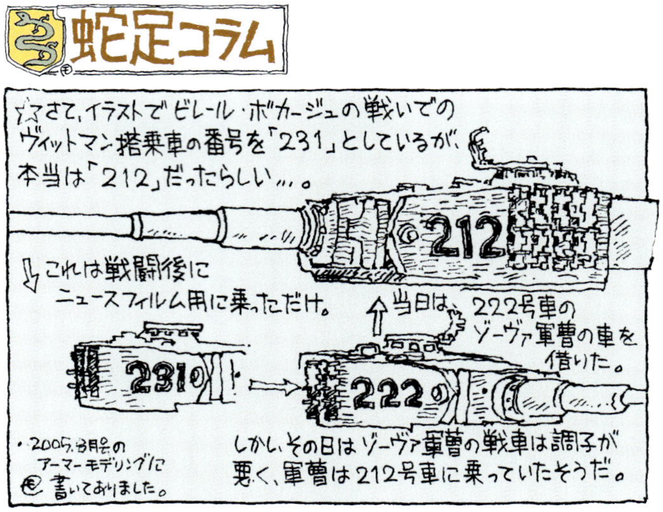

PANZERTALES

WORLD TANK MUSEUM

ワールド タンク ミュージアム

Series 02

- 19:KV-1A Mono-color Scheme
- 20:KV-1A Winter camouflage
- 21:KV-1A Slogan
- 22:JAGDPANTHER Mono-color Scheme
- 23:JAGDPANTHER Winter camouflage
- 24:JAGDPANTHER 3-Colors Scheme
- 25:Stu.G. III Ausf.G (Late Production) Winter camouflage
- 26:Stu.G. III Ausf.G (Late Production) 3-Colors Scheme
- 27:Stu.G. III Ausf.G (Late Production) Mono-color Scheme
- 28:JS-2m STALIN Mono-color Scheme
- 29:JS-2m STALIN Winter camouflage
- 30:JS-2m STALIN Air identification marking
- 31:HETZER Winter camouflage
- 32:HETZER Mono-color Scheme
- 33:HETZER 3-Colors Scheme
- 34:TIGER II (Henschel Model) Mono-color Scheme
- 35:TIGER II (Henschel Model) Winter camouflage
- 36:TIGER II (Henschel Model) 3-Colors Scheme
- SECRET ITEM:RED TIGER

ワールド タンク ミュージアム・シリーズ02

■19：KV-1A重戦車・単色迷彩（ロシア・1940-41年）
■20：KV-1A重戦車・冬季迷彩（ロシア・1940-41年）
■21：KV-1A重戦車・スローガン（ロシア・1940-41年）
■22：ヤクトパンター重駆逐戦車・単色迷彩（ドイツ・1944-45年）
■23：ヤクトパンター重駆逐戦車・冬季迷彩（ドイツ・1944-45年）
■24：ヤクトパンター重駆逐戦車・3色迷彩（ドイツ・1944-45年）
■25：Ⅲ号突撃砲G後期型・冬季迷彩（ドイツ・1944-45年）
■26：Ⅲ号突撃砲G後期型・3色迷彩（ドイツ・1944-45年）
■27：Ⅲ号突撃砲G後期型・単色迷彩（ドイツ・1944-45年）
■28：JS-2mスターリン重戦車・単色迷彩（ロシア・1944-45年）
■29：JS-2mスターリン重戦車・冬季迷彩（ロシア・1944-45年）
■30：JS-2mスターリン重戦車・対空識別（ロシア・1944-45年）
■31：ヘッツァー軽駆逐戦車・冬季迷彩（ドイツ・1944-45年）
■32：ヘッツァー軽駆逐戦車・単色迷彩（ドイツ・1944-45年）
■33：ヘッツァー軽駆逐戦車・3色迷彩（ドイツ・1944-45年）
■34：ティーガーⅡヘンシェル型重戦車・単色迷彩（ドイツ・1944-45年）
■35：ティーガーⅡヘンシェル型重戦車・冬季迷彩（ドイツ・1944-45年）
■36：ティーガーⅡヘンシェル型重戦車・3色迷彩（ドイツ・1944-45年）
■シークレットアイテム：赤ティーガー

■2002年8月発売（生産数200万個）
■造形企画制作／株式会社海洋堂
■原型制作／谷明
■発売者／株式会社タカラ
■販売者／株式会社ドリームズ・カム・トゥルー
■BOXアート／上田 信
■迷彩色ラムネ入り、250円
■第1弾の成功で長期的な展開にする方針がかたまり、戦車以外の車種も多数商品化された。谷氏の造形指向がソ連戦車に向いていることがわかり、2車種が選ばれている。

○1941年ソ連に攻めこんだドイツ軍はとんでもない重戦車に出くわすことになる。
ドイツ軍の対戦車砲をことごとくはね返しふみつぶした無敵戦車KVI。
大砲の威力や装甲はドイツ戦車を完全に上まわっていた。だが…。
クラッチレバーはハンマーで動かす？
防弾ガラスに気泡が
運転が大変だった。操向レバーを動かすのも大変な力仕事な上に外がよく見えない。
ミッションやクラッチがすぐ壊れた。
車長は装填手を兼ね忙しい。外の様子はよくわからない。砲塔の後部には補助操縦手――操縦手が疲れた時の交替要員――がいてすごくじゃま。
……
40tを越える重量に対して、あまりに非力なエンジン。
部隊によっては弾薬の支給もなかった。
ちゃんと曲がれず、前もよく見えず砲弾もなければ、とにかく進むしかなかったではないか。
損失の実に8割が故障など戦闘以外の理由による。
ハッチから車長が外を見るには、彼の頭に乗らないといけない。
乗せられるほうはたまったもんじゃないよなあ…
KV1は重くて橋を壊したりして部隊の進行を妨げた。しかしソ連軍はもっとすごいのも実戦投入している。どんなことになったんだろうか？
SMK
T100
KV1はあとでもっと装甲を強化して訳のわからんことになっている

KV-1A重戦車 （ロシア・1940-41年）

■19：KV-1A重戦車・単色迷彩（ロシア・1940-41年）
■20：KV-1A重戦車・冬季迷彩（ロシア・1940-41年）
■21：KV-1A重戦車・スローガン（ロシア・1940-41年）

SPECIFICATION

重量：46.35t
全長：6,888㎜
全幅：3,246㎜
全高：2,667㎜
装甲厚：30〜77㎜
兵装：76.2㎜砲×1門
　　　機関銃×3挺
速度：35.3㎞/h
乗員：5名
生産台数：？

KVの予備操縦士には石頭が必要？

KV重戦車は、ロシア語風に発音すると「カーヴェー」重戦車。当時のソ連邦国防大臣クリメンテ・ヴォロシーロフの頭文字から取った命名であった。この戦車が初めて戦場に出現したのは［冬戦争］と呼ばれる1939-40年の第一次ソ芬（ソ連・フィンランド）戦争のときであった。このカーヴェー戦車をはじめ、何種類かの試作重戦車で編成された特別戦車隊の指揮官はヴォロシーロフ少佐、国防大臣の息子であった。各種の試作重戦車は戦場で実用試験を受けたわけである。すると、このKV重戦車が、機動性能などの面でもっとも良いと評価され、量産に移った。しかし、その後のKV重戦車を運用した部隊の評価は必ずしも良くなかった。それから考えて、KVと一緒に戦場で実験されたSMKやら、T100やらと言う重戦車の使い勝手の悪さは、きっと想像を絶するものであったのでありましょう。（解説／梅本 弘）

◎第2次大戦の後半に登場したヤークトパンターは、パンター戦車を改造して巨大な8.8cm砲を積んだ重駆逐戦車である。

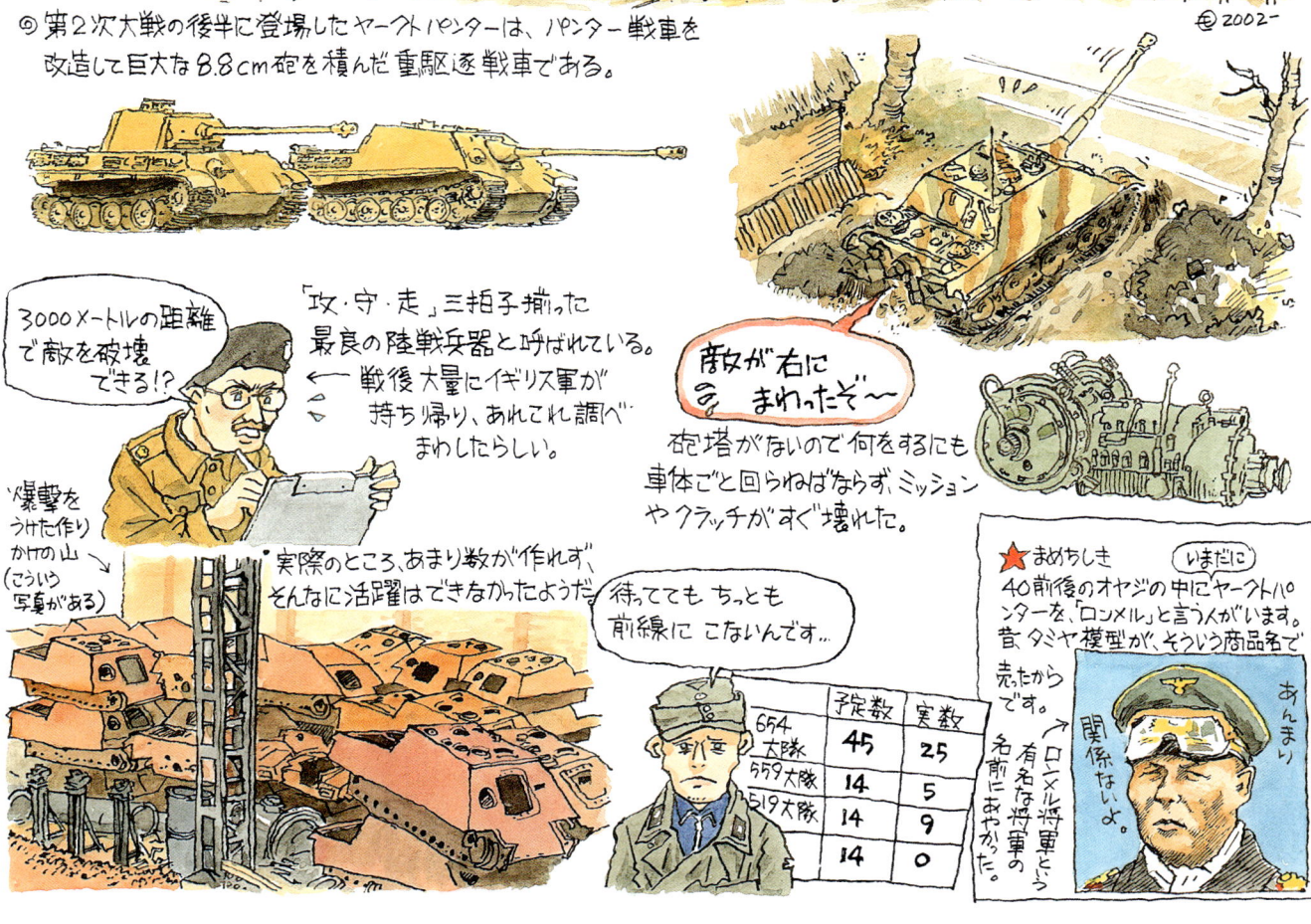

㊞2002-

3000メートルの距離で敵を破壊できる!?

「攻・守・走」三拍子揃った最良の陸戦兵器と呼ばれている。

← 戦後大量にイギリス軍が持ち帰り、あれこれ調べまわしたらしい。

敵が右にまわったぞ~

砲塔がないので何をするにも車体ごと回らねばならず、ミッションやクラッチがすぐ壊れた。

爆撃をうけた作りかけの山 →（こういう写真がある）

・実際のところ、あまり数が作れず、そんなに活躍はできなかったようだ。

待ってても ちっとも前線に こないんです…

	予定数	実数
654大隊	45	25
559大隊	14	5
519大隊	14	9
	14	0

★まめちしき

（いまだに）40前後のオヤジの中にヤークトパンターを、「ロンメル」と言う人がいます。昔、タミヤ模型が、そういう商品名で売ったからです。

→ロンメル将軍という有名な将軍の名前にあやかった。

あんまり関係ないよ。

ヤークトパンター重駆逐戦車 （ドイツ・1944-45年）

■22：ヤクトパンター重駆逐戦車・単色迷彩（ドイツ・1944-45年）
■23：ヤクトパンター重駆逐戦車・冬季迷彩（ドイツ・1944-45年）
■24：ヤクトパンター重駆逐戦車・3色迷彩（ドイツ・1944-45年）

SPECIFICATION

重量：45.5t
全長：9,870mm
全幅：3,420mm
全高：2,715mm
装甲厚：16～80mm
兵装：8.8cm砲×1門
　　　機関銃×1挺
速度：46km/h
乗員：5名
生産台数：415両

凝りすぎて間に合わず

戦車は怖い。だから戦車をやっつけるのを専門にした戦車を作ろう、と言うのがドイツ人の考え。これが第二次大戦中に誕生した駆逐戦車と言う車種である。何事も凝り性のドイツ人は世界でもっとも強力な駆逐戦車を作った、それがヤークトパンター（狩りをする豹）である。当初、当時の主力戦車であったパンター戦車の車体を改造して作ればパーツをいろいろと共用できるので、生産にしても補給や整備にも都合が良いと思われた。そして当時もっとも強力な対戦車砲だった88mm砲を載せ、前面装甲板を80mmもの厚さにしたら、強いには強いけど、えらく重くなってしまって、結局、変速機はもとのパンターのものでは力不足で特別な物を載せなくてはならなくなってしまった。そんなこんなで、生産が遅れ、前線に届くのが遅れて、さほど活躍はできなかったのだ。（解説／梅本 弘）

駆逐戦車はドイツ語で［Panzerjäger：パンツァーイェーガー］（戦車駆逐車、戦車猟兵）とか、［Jagtpanzer：ヤークトパンツァー］（駆逐戦車）などと分類されるが、ヤークトパンターは“狩りをする豹”という名称だ。

★突撃砲って何だろう？　第1次大戦の時、歩兵では
どうしようもない敵陣地を沈黙させるため大砲を引っぱって行った。
損害多し
この考えを自走化して、装甲化したモノである。
ワイマール時代
従って、これは戦車ではない。
歩兵の支援が本来の任務である「砲」なのであった。
（途中から対戦車任務が増え、どんどん強化されたが）
戦車のかわり
だから仕事が済んだら後ろに帰っていくのがキマリだった。
突撃砲が来た〜！
ワー
ゴロゴロ
ゴロゴロ…
え？
戻っちゃうの
の乗っているのも
戦車兵ではなく
砲兵なのである。
ものすごい数の敵戦車を撃破してる。
勲章もいっぱいもらった。
それって、敵が多すぎるということでは…？
ちなみに突撃砲には、防御用に専用の随伴兵をつけるように命ぜられていた。
上に、乗っていろと!?
マニュアルには
行軍の際は砲に跨乗せよ、
とある。
用が済んだら突撃砲と一緒に帰る
後半は防御力を高めるためコンクリを盛ったりした。

Ⅲ号突撃砲G後期型（ドイツ・1944-45年）

■25：Ⅲ号突撃砲G後期型・冬季迷彩（ドイツ・1944-45年）
■26：Ⅲ号突撃砲G後期型・3色迷彩（ドイツ・1944-45年）
■27：Ⅲ号突撃砲G後期型・単色迷彩（ドイツ・1944-45年）

SPECIFICATION

重量：23.9t
全長：6,770㎜
全幅：2,950㎜
全高：2,160㎜
装甲厚：11～80㎜
兵装：7.5㎝砲×1門
　　　機関銃×1挺
速度：40㎞/h
乗員：4名
生産台数：7,802両

大砲に足があれば、それは便利

ドイツ軍の突撃砲が活躍した第二次大戦は、第一次大戦のように敵陣に向かって、歩兵が銃剣を構えて突撃するような戦争じゃなくなっていた。むしろ、歩兵にとって怖いのは敵の戦車だ。てなことになって、もともと前進する歩兵部隊と一緒に進んで、敵の機関銃陣地やトーチカ（強化火力拠点）などを射撃、破砕するために《動く砲兵》として開発された突撃砲も、だんだん対戦車戦闘に向いた形に進化していき、本来の突撃砲より、対戦車自走砲（ドイツでは戦車駆逐車という）に近いものに変貌。見てわかるように古めかしいデザインなのだが、とにかく使い勝手がいいので終戦まで大いに活用された。一説によると、第二次大戦で使われたドイツ軍の装甲車両のうちで、もっともたくさん連合軍の戦車を仕留めたのは、この《突撃砲》であるとまで言われている。（解説／梅本 弘）

この車両は、どう見ても戦車のたぐいだが、あくまで動く大砲なので戦車ではない。そのため操作するのも戦車兵ではなく砲兵なのだ。

第2次大戦の後半に登場したJS-2
スターリン戦車は、指導者スターリンの名を
冠した「究極の重戦車」である。無敵で
あることが義務づけられているというか….。
ちなみにロシアつづりだとИС-2と書く。
スターリン(1879~1953)
122mm砲弾は弾頭だけで25kgもあった。
装填手の苦労は並たいていではなかっただろう。
。巨大な122mm砲を積むため、
砲塔が車体からはみ出している。
車に6kgの火薬を詰める。
ひ〜〜
超重戦車と呼ばれているが、同時期のドイツ
重戦車より、ひとまわり小さい。車内スペースが
犠牲にされ、砲弾は28発しか積んでいない。
(ティーガー1型は92発)
前ちの のぞき窓は集中的に
狙われた。ここがダメになると
….
燃料タンク
上のペリスコープを
使うんだが、左右離れ
ていて すんごく不便…
ひとり分の
幅しかない。
下に脱出ハッチがある
のだが、車体が重さで沈み、
出られないこともあった。
大砲が大きすぎて前に
つんのめるので、普段は
砲塔を後ろ向きに
して走っている。
発射速度が遅く、ドイツ戦車が3発撃つ間
1発しか撃てない。
ああ——
それでも命中すると
←すさまじい破壊力だった。
装甲も厚かったし。
2002-

JS-2mスターリン重戦車 （ロシア・1944-45年）

■28：JS-2mスターリン重戦車・単色迷彩（ロシア・1944-45年）
■29：JS-2mスターリン重戦車・冬季迷彩（ロシア・1944-45年）
■30：JS-2mスターリン重戦車・対空識別（ロシア・1944-45年）

SPECIFICATION

重量：46t
全長：9,910㎜
全幅：3,070㎜
全高：2,730㎜
装甲厚：19〜160㎜
兵装：122㎜砲×1門
機関銃×3挺
速度：40㎞/h
乗員：4名
生産台数：2,250両

小柄な人向きの小さな超重戦車

第二次大戦末期、ソ連の超重戦車などと言われてドイツ軍に恐れられた。だが姿形こそおどろおどろしいものの、ドイツの戦車と比べてみると、中戦車であるパンターよりも一回り小さくて、重量は同じくらい。でも、装甲板は厚くて、当時、世界最大の122㎜戦車砲を積んでいた。コンパクトで高性能！どうして、そんなことができたのか、ソ連の技術は世界一だったのか。違います。じつは車内の戦車兵の居場所を極力狭くして、無理矢理作った戦車なのだ。それに搭載する砲弾の数を減らした。例えばドイツのティーガー重戦車は92発だが、スターリンはたった28発。どうせ、すぐにやられちゃうから、弾は少なくていいのだ、と言うのは筆者の妄言だが、スターリン戦車登場以来、現在まで、ソ連戦車隊は小柄な人しか採用しない、これは本当。（解説／梅本 弘）

蛇足コラム

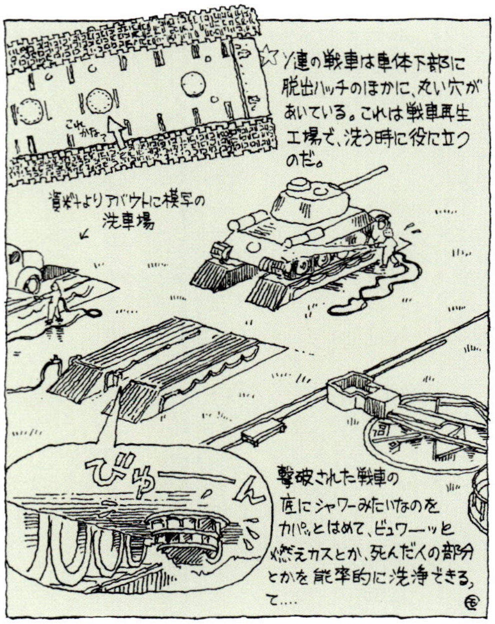

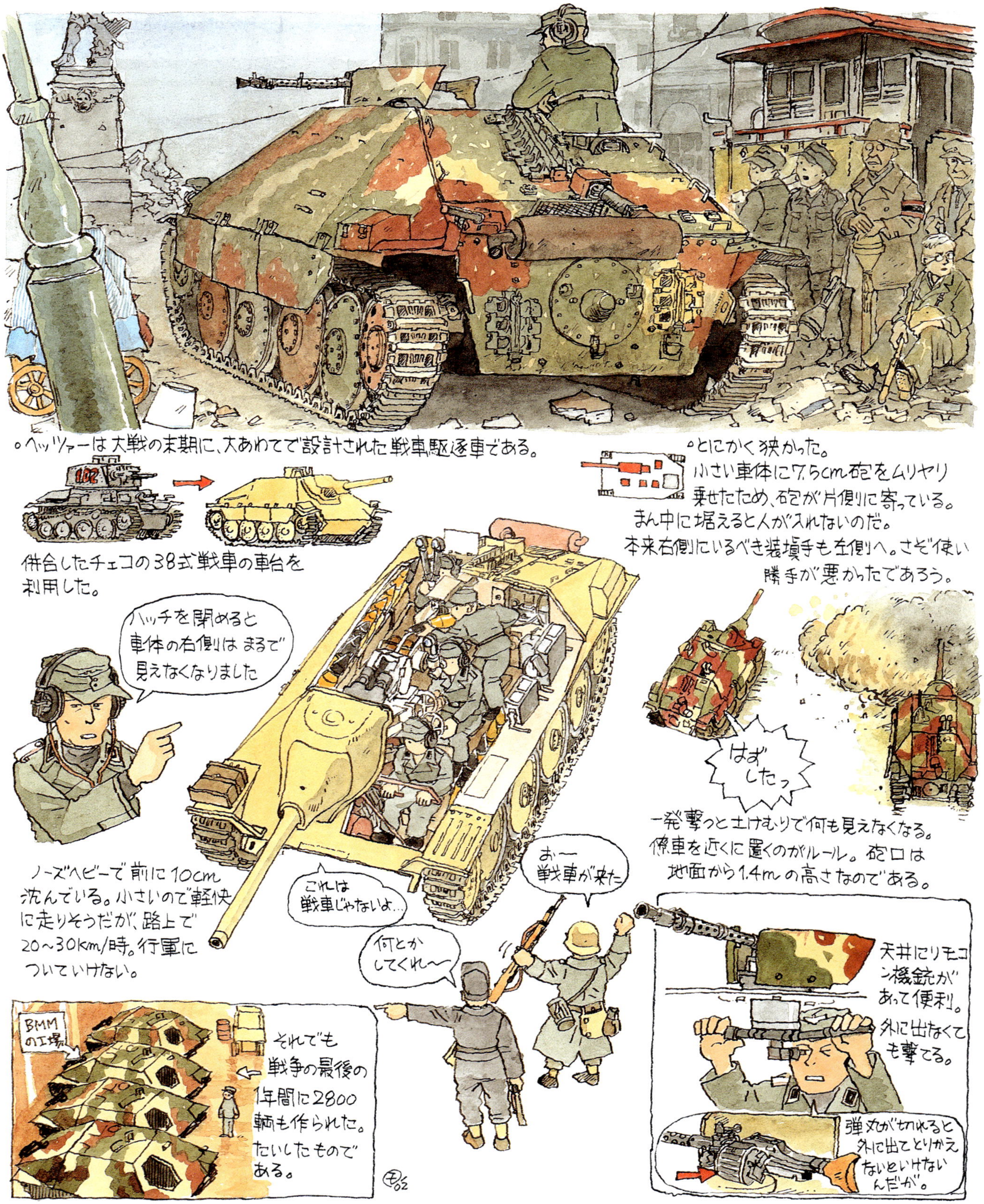
。ヘッツァーは大戦の末期に、大あわてで設計された戦車駆逐車である。
102
併合したチェコの38式戦車の車台を
利用した。
。とにかく狭かった。
小さい車体に7.5cm砲をムリヤリ
乗せたため、砲が片側に寄っている。
まん中に据えると人が入れないのだ。
本来右側にいるべき装填手も左側へ。さぞ使い
勝手が悪かったであろう。
ハッチを閉めると
車体の右側はまるで
見えなくなりました
はずしたっ
一発撃つと土けむりで何も見えなくなる。
僚車を近くに置くのがルール。砲口は
地面から1.4mの高さなのである。
ノーズヘビーで前に10cm
沈んでいる。小さいので軽快
に走りそうだが、路上で
20~30km/時。行軍に
ついていけない。
これは
戦車じゃないよ…
おー
戦車が来た
何とか
してくれ〜
天井にリモコン機銃があって便利。
外に出なくても撃てる。
弾丸が切れると
外に出てとりかえ
ないといけない
んだが。
BMM
の工場
それでも
戦争の最後の
1年間に2800
輌も作られた。
たいしたもので
ある。
モ
02

ヘッツァー軽駆逐戦車 （ドイツ・1944-45年）

■31：ヘッツァー軽駆逐戦車・冬季迷彩（ドイツ・1944-45年）
■32：ヘッツァー軽駆逐戦車・単色迷彩（ドイツ・1944-45年）
■33：ヘッツァー軽駆逐戦車・3色迷彩（ドイツ・1944-45年）

SPECIFICATION

重量：15.8t
全長：4,870㎜
全幅：2,630㎜
全高：2,170㎜
装甲厚：60㎜
兵装：7.5㎝砲×1門
　　　機関銃×1
速度：42㎞/h
乗員：4名
生産台数：2,827両

使い方を間違えないで

ヘッツァーは弱い戦車だ。どうしてそんなに弱いのか、それはもともと戦車じゃないから。装甲板で守られて、動く対戦車砲なのである。対戦車砲と言うのは文字どおり戦車を狙って撃つ大砲で、元来、普通の大砲同様に、車輪がついててトラックなどで牽引するものだった。でも、いちいち牽引するのは面倒。そこで、自分で動く対戦車砲、対戦車自走砲ができた。しかし、最初は部分的にしか装甲板をつけてなかったので、それに敵の機関銃や、砲弾やら爆弾の破片で砲兵が死傷しやすかった。じゃあ、全部、装甲板で覆ってしまえ。で、ヘッツァーができた。一見、戦車みたい。で、第二次大戦中、勘違いしたドイツ軍の指揮官が、戦車のように敵陣に向かって突撃させたら、弱かった。使い方を間違っていたのである。取扱説明書を良く読んでいなかったのかな。（解説／梅本 弘）

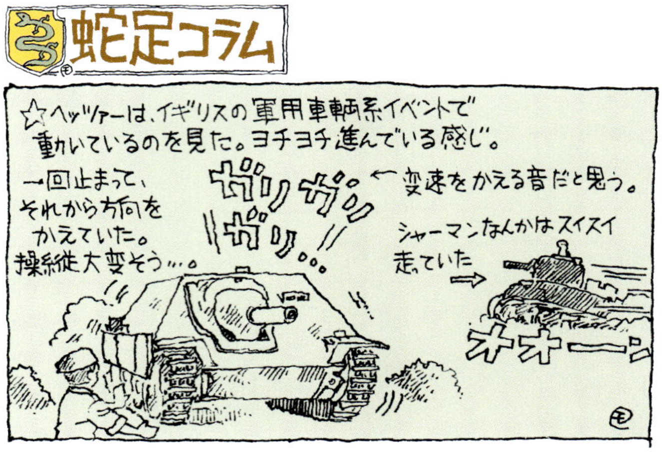

◎第2次大戦後半に登場したティーガー2型は、とにかくデカくて強力であった。戦闘中に18センチの正面装甲が撃ちぬかれた記録はないという。
しかし敵弾をはね返すといっても衝撃はすさまじい。部品は外れ、乗員は打ち倒される。「つり鐘の中にいる」というイメージが一番近いそうである。
あまりに巨大で、スターリン戦車の乗員が見ただけで逃げてしまったという話がある。
巨大な分もちろん重い。重量は70トンもある。燃費は最悪で、リッター162mしか走らない。（しかも路上で）
確かに敵弾ははじいたんだけど…. 中身はボロボロです
愛国心があるのか この大飯喰らい！
大戦末期は乗員も燃料も不足してマトモに動かせなかったらしい。
脱輪して放棄
ハシゴを装備したのもある。
2002-

ティーガーⅡ型重戦車　ヘンシェル砲塔（ドイツ・1944-45年）

■34：ティーガーⅡヘンシェル型重戦車・単色迷彩（ドイツ・1944-45年）
■35：ティーガーⅡヘンシェル型重戦車・冬季迷彩（ドイツ・1944-45年）
■36：ティーガーⅡヘンシェル型重戦車・3色迷彩（ドイツ・1944-45年）

SPECIFICATION

重量：69.8t
全長：10,300㎜
全幅：3,760㎜
全高：3,080㎜
装甲厚：25〜150㎜
兵装：8.8㎝砲×1門
機関銃×2挺
速度：42㎞/h
乗員：5名
生産台数：442両

戦車マニアの夢、ここに極まれり

なんとかの王者とは、よく聞く話だ。で、戦車の王者はこのティーガーⅡ型。アメリカ人は「キングタイガー」と呼び、イギリス人は「ロイヤルタイガー」と言ったとか。ドイツが作った、第二次大戦中、最強の戦車であった。伝説の無敵戦車ティーガーⅠ型をさらに進化させた親玉なのである。ティーガーⅠ型の時点ですでに《無敵》なのだから、さらに進化させる必要もなかったわけだが、いまに連合軍がティーガーを越える超重戦車を作っては困ると、被害妄想のドイツ人が、先を見越して作ったのがこのティーガーⅡ型だ。だが、連合軍はティーガーⅡ型が強いと言っても数が少ないし、いくら奮戦しても戦争の大勢に影響なし、と判断したのか、超重戦車の開発にはあまり熱心でなく、戦争が終わるまで、とうとうドイツ人が恐れるような強敵は出てこなかった。（解説／梅本 弘）

このティーガーⅡ型重戦車（SS第501重戦車大隊204号車）は、1944年のクリスマスイブに燃料切れで放棄されたが、その後アメリカ軍がなんとか動かしてこの山道まできたものの、ついに動かなくなってしまったという。

赤虎1号
なんじゃこりゃ!!
シークレットアイテム
まっ赤な戦車…..歴史の研究なんかでは「なかった」という証明が一番難しいらしいです。え?そういう話題ではない、と…。
赤いものいろいろ
または
赤はエースの色
えと文/モリナガ・ヨウ
燃える男の赤いトラ
◎まっ先に連想するのが錆止めプライマー塗装の戦車。これは第2次大戦末期に塗料が無くなって仕方なくこの状態で戦場にくり出したそうだ。
これは第一次大戦の撃墜王の機体。まっ赤っ赤に塗られている。昔はよかったのだ!
有名なロボットアニメでもエースは赤い色で飛びまわっている。まあ未来だしな。
(主役のメカは、もっとハデハデな色づかいだったりするが)
『空想科学読本4』という本で、著者の柳田サンが戦隊ヒーローのリーダーの色を分析している。赤のリーダー率は82%。柳田さんは「意外と低い」って言ってるけど充分じゃないかなあ?
子供は赤い色が大好きだっていうし。
WTM
WTMレンジャー
ショ
なにわ XX-X
◎ワールドタンクミュージアム的には、もう少しミリタリー系の話題を考えるに….
第1次大戦のフランス歩兵は思いっきり赤ズボンだった。行進はさぞきらびやかだったろうなあ…。
ぼくらの7日間戦争だっけ?
あれは61式か?
そういえば映画でペンキをかぶってすごい色になる戦車があったっけ。そんなこと思い出した。
Ⓜ2002.
第2次大戦中のイタリア軍の手榴弾。赤く塗ってあるのはやっぱ危ないからかな…
第2次大戦中のイギリス空挺隊はレッド・デビルと呼ばれていましたよ

赤ティーガー

■シークレットアイテム：赤ティーガー

何がなんでも赤が好き

赤は美しい色である。都会の雑踏のなかに置くと、なんだか色がくすんだり、暑苦しい色で敬遠するひとも多いけど、自然のなかに置かれた赤は美しい。迷彩色と泥、廃墟の焼けこげしかない戦場に赤を置くとやはり美しい。実際、ドイツ軍は第二次大戦の末期、工場で完成した戦車に塗装する手間さえ惜しんで錆止めの赤色のまま戦場に出しちゃった。でも、目立ってしかたがないので、受け取った戦車兵はすぐにその上から、緑や茶色の塗料で迷彩を施した。いくらきれいだからって、敵の弾まで惹きつけちゃあ、たまりません。それからもうひとつ、ティーガーⅠ型重戦車は、ドイツが工場で迷彩塗装もできないほど逼迫する前に生産終了となっているので、赤いまま戦場に出された例はないようです。だから、この赤ティーガーは史実にさえない、ほんとうのシークレットアイテムなのです。（解説／梅本 弘）

PANZERTALES

WORLD TANK MUSEUM

ワールド タンク ミュージアム

Series 03

■37:FIREFLY Mono-color Scheme
■38:FIREFLY Winter camouflage
■39:FIREFLY 2-Colors Scheme
■40:Pz.Kpfw.II Ausf.F Desert Scheme
■41:Pz.Kpfw.II Ausf.F Mono-color Scheme
■42:Pz.Kpfw.II Ausf.F Winter camouflage
■43:STORCH Winter camouflage
■44:STORCH Desert Scheme
■45:STORCH 2-Colors Scheme
■46:KÜBELWAGEN Mono-color Scheme
■47:KÜBELWAGEN Luft Waffe model
■48:KÜBELWAGEN Winter camouflage
■49:KÜBELWAGEN Desert Scheme
■50:T-34/76 (Model 1941) Mono-color Scheme
■51:T-34/76 (Model 1941) Slogan
■52:T-34/76 (Model 1941) Winter camouflage
■53:PANTHER Ausf.G Mono-color Scheme
■54:PANTHER Ausf.G Winter camouflage
■55:PANTHER Ausf.G 3-Colors Scheme
■SECRET ITEM:STORCH Special mission

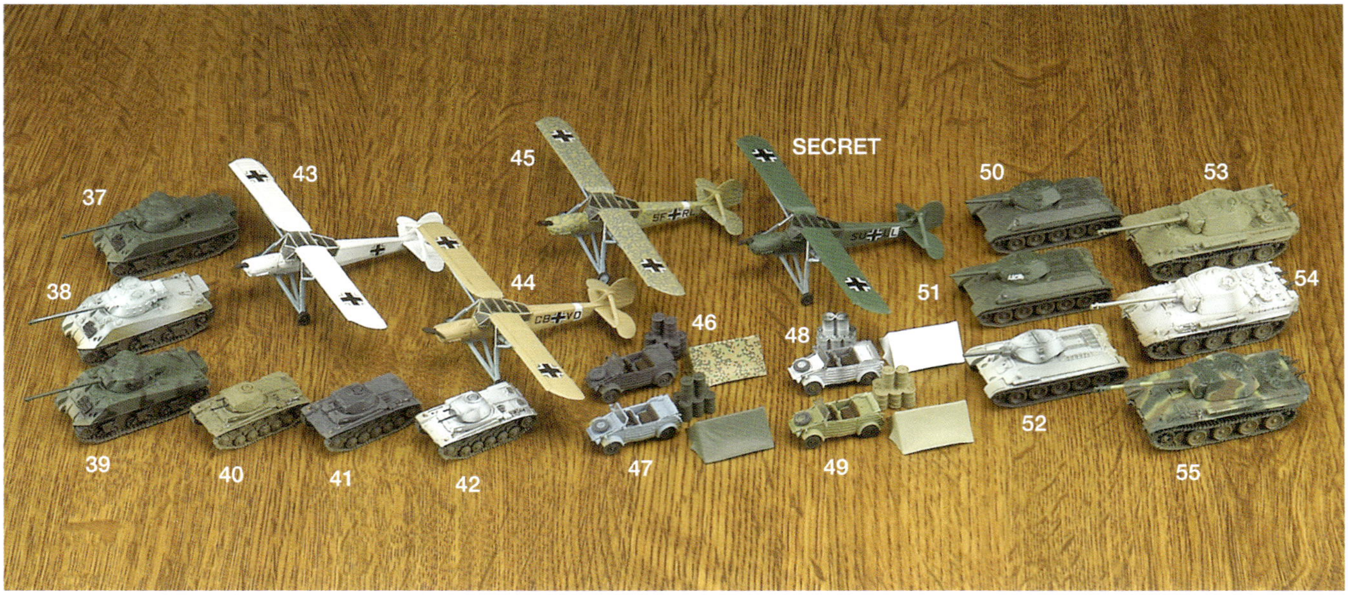

ワールド タンク ミュージアム・シリーズ03

■37：ファイアフライ・単色迷彩（イギリス・1944-45年）
■38：ファイアフライ・冬季迷彩（イギリス・1944-45年）
■39：ファイアフライ・2色迷彩（イギリス・1944-45年）
■40：Ⅱ号F型・砂漠迷彩（ドイツ・1941-45年）
■41：Ⅱ号F型・単色迷彩（ドイツ・1941-45年）
■42：Ⅱ号F型・冬季迷彩（ドイツ・1941-45年）
■43：シュトルヒ・冬季迷彩（ドイツ・1937-45年）
■44：シュトルヒ・砂漠迷彩（ドイツ・1937-45年）
■45：シュトルヒ・2色迷彩（ドイツ・1937-45年）
■46：キューベルワーゲン・単色迷彩（ドイツ・1940-45年）
■47：キューベルワーゲン・空軍仕様（ドイツ・1940-45年）
■48：キューベルワーゲン・冬季迷彩（ドイツ・1940-45年）
■49：キューベルワーゲン・砂漠迷彩（ドイツ・1940-45年）
■50：T34/76､41年型・単色迷彩（ロシア・1941-45年）
■51：T34/76､41年型・スローガン（ロシア・1941-45年）
■52：T34/76､41年型・冬季迷彩（ロシア・1941-45年）
■53：パンターG型・単色迷彩（ドイツ・1944-45年）
■54：パンターG型・冬季迷彩（ドイツ・1944-45年）
■55：パンターG型・3色迷彩（ドイツ・1944-45年）
■シークレットアイテム：シュトルヒ/特殊任務

■2003年1月発売（生産数300万個）
■造形企画制作／株式会社海洋堂
■原型制作／谷明
■発売者／株式会社タカラ
■販売者／株式会社ドリームズ・カム・トゥルー
■BOXアート／藤田幸久
■土嚢型ガム（コーラ味）入り､250円
■まさに頂点、黄金期の第3弾では、パンター、ファイアフライというスター戦車に加え、Ⅱ号戦車や野戦乗用車、またシリーズ初の連絡機など、車種選定はバラエティーに富んでいる。

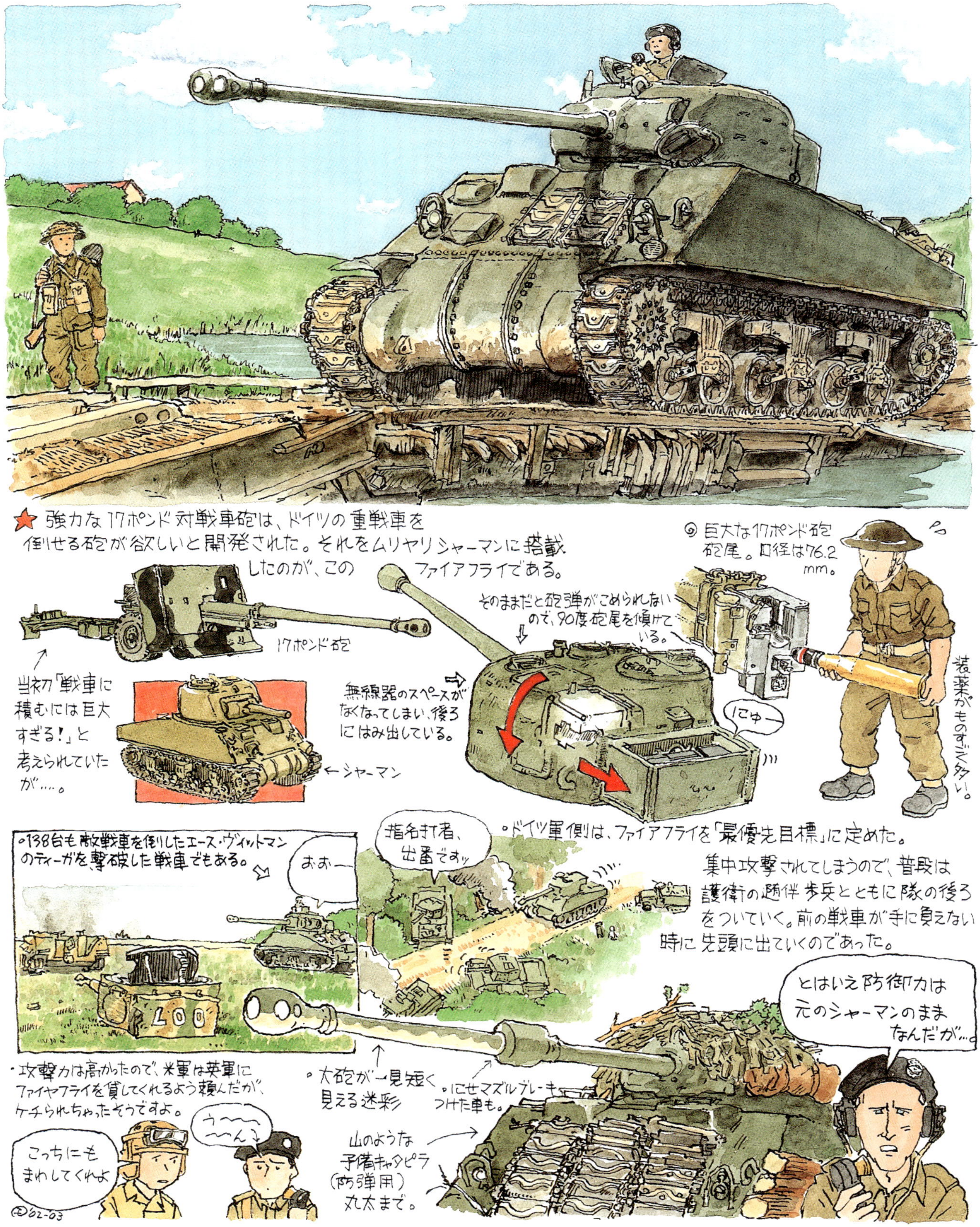
強力な17ポンド対戦車砲は、ドイツの重戦車を倒せる砲が欲しいと開発された。それをムリヤリシャーマンに搭載したのが、このファイアフライである。
17ポンド砲
当初「戦車に積むには巨大すぎる!」と考えられていたが….。
←シャーマン
無線器のスペースがなくなってしまい、後ろにはみ出している。
そのままだと砲弾がこめられないので、90度砲尾を傾けている。
巨大な17ポンド砲砲尾。口径は76.2mm。
にゅー
装薬がものすごく多い。
○138台も敵戦車を倒したエース・ヴィットマンのティーガを撃破した戦車でもある。
おおー
指名打者、出番です
○ドイツ軍側は、ファイアフライを「最優先目標」に定めた。
集中攻撃されてしまうので、普段は護衛の随伴歩兵とともに隊の後ろをついていく。前の戦車が手に負えない時に先頭に出ていくのであった。
とはいえ防御力は元のシャーマンのままなんだが…。
・攻撃力は高かったので、米軍は英軍にファイヤフライを貸してくれるよう頼んだが、ケチられちゃったそうですよ。
こっちにもまわしてくれよ
う〜〜〜ん
○大砲が一見短く見える迷彩
○にせマズルブレーキつけた車も。
山のような予備キャタピラ（防弾用）丸太まで。
'02-03

ファイアフライVC中戦車 （イギリス・1944-45年）

■37：ファイアフライ・単色迷彩（イギリス・1944-45年）
■38：ファイアフライ・冬季迷彩（イギリス・1944-45年）
■39：ファイアフライ・2色迷彩（イギリス・1944-45年）

SPECIFICATION

重量：32.7t
全長：7,420㎜
全幅：2,670㎜
全高：2,740㎜
装甲厚：13〜89㎜
兵装：17ポンド戦車砲×1門
　　　機関銃×1挺
速度：40㎞/h
乗員：4名
生産台数：約600両

ドイツ戦車より強い、唯一の英軍戦車

イギリスはドイツがもの凄い重戦車を作ってる、と言う情報をつかんで、その対抗措置として17ポンド（弾頭の重さが17ポンドある大砲）砲を製造、みごとドイツの新型重戦車ティーガーI型をやっつけた。やった、と言うのでこの大砲を搭載する戦車の設計は始めたのだが、そう簡単に新しい戦車はできないので、既存の戦車、アメリカから大量にもらったM4シャーマンにこの17ポンド砲を積み込んだ。このファイアフライ戦車、使ってみると強い、と言うか普通のM4が弱すぎてドイツ戦車と互角に撃ち合えなかった。その結果、砲身が長くて目立つファイアフライは、ドイツ軍の最優先攻撃目標にされてしまった。そこで乗員は、長い砲身を普通のM4のように短く見せようと、先のほうを白く塗ったり、黒く塗ったり（効果の程は疑問）涙ぐましい努力。どの世界でも出る釘は打たれるのだ。（解説／梅本 弘）

ファイアフライにはⅣCやVCなど、元になったM4中戦車の車体によって名称が異なっていた（末尾のCは17ポンド砲の意味）。たとえばⅣCはM4A3車体、VCはM4A4車体が流用されたことを意味するのだ。

Pz.Kpfw.II Ausf.F

◎1930年代、ドイツは戦車師団を創設するが、戦車なんて作ったこともない。で、訓練用に小さなⅠ号戦車を作った。
組み立て式模擬戦車
民間用シャーシに、アルミ板をはりつけた模擬装甲車
Ⅰ号戦車
主力(予定)Ⅲ号戦車
◎・しかし主力戦車がちっとも完成しないので、訓練用を兼ね、Ⅰ号戦車より少し大きめのモノを作った。それがⅡ号戦車。
当初の装甲14ミリ。
いやあ、まさかこんな小さい訓練戦車で戦争始めるとは思わなかった
ドイツ戦車師団生みの親「韋駄天ハインツ」グデーリアン
主武装は2cm機関砲。大砲ではない!
MG34機関銃
◎数は作れたが、いかんせん非力。緒戦の勝利は、兵器でなく戦術の差であった。
こんなのに乗せるなっ
アフリカ戦では、モーレツに狭くて暑かった。後部の無線手の隣はエンジンなのである。
◎キットのF型は、ささやかな装甲強化型である。少しでも敵弾を散らすため、偽のバイザーをつけたりした。
機関銃であんまり撃たれると砲塔が回らなくなる。
偽バイザー
こっちが本物。
くはあ!
エンジン
ラジエーター
Ausf.F/G
あまり速く走れなかった。
・40前後の戦車模型オヤジにとっては、「唯一買えた戦車のプラモ」で思い入れが深い。だが、史実は残酷にも思い入れとは逆だったようである。
私の小遣いでも買えました(250円) by平野
☆キットは主砲が折れないように、保護リングにはまっています。お手数ですが主砲を折らないように気をつけて外し、砲塔を車体にはめ込んで下さい。(海洋堂兵器局)
©'02

Ⅱ号F型軽戦車　（ドイツ・1941-45年）

40
41
42

■40：Ⅱ号F型・砂漠迷彩（ドイツ・1941-45年）
■41：Ⅱ号F型・単色迷彩（ドイツ・1941-45年）
■42：Ⅱ号F型・冬季迷彩（ドイツ・1941-45年）

SPECIFICATION

重量：9.5t
全長：4,810㎜
全幅：2,280㎜
全高：2,150㎜
装甲厚：5〜35㎜
兵装：2㎝機関砲×1門
　　　機関銃×1挺
速度：40㎞/h
乗員：3名
生産台数：524両

この戦車を実戦に出しちゃうのは？

ドイツの戦車戦術の要諦は、多数の戦車を集中、組織的に動かすことにあった。そこで第二次大戦を目前にしたドイツは、急速に戦車の数を揃える必要があり、装甲も薄く、20㎜砲と機関銃しか備えていないⅡ号戦車は当時でさえ非力すぎるとされていたが、もっと大型で強力な戦車の数が揃うまでのつなぎとして、大量に生産され、ドイツ戦車部隊の電撃戦を成功させた。その一方、被害も大きく、やっぱりこれでは弱すぎるらしいこともわかり、すぐ戦車師団の主力装備からはずされ、生き残りは自走砲などに改造された。ドイツがのちにオーバークォリティの戦車ばかり作って、戦闘に勝ち戦争に負けたことを考えると、むしろ1両1両の性能は劣っても数を揃えるというⅡ号戦車のほうがむしろまっとうだった⁉　とか言って、すぐやられちゃう戦車に乗せられる戦車兵はたまらんね。
（解説／梅本 弘）

蛇足コラム

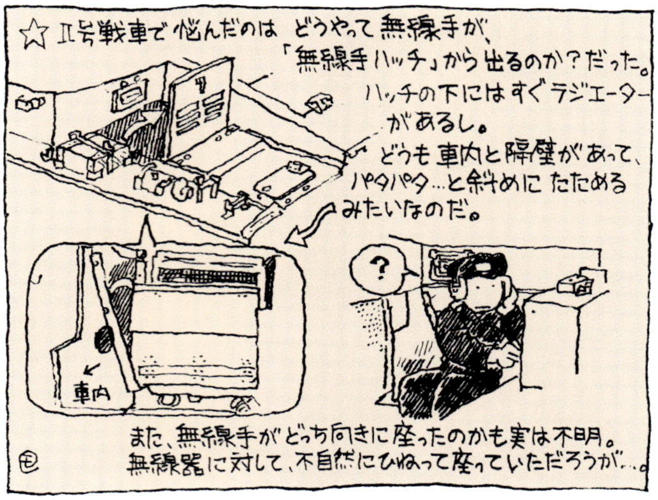

☆Ⅱ号戦車で悩んだのは どうやって無線手が、「無線手ハッチ」から出るのか？だった。
ハッチの下にはすぐラジエーターがあるし。
どうも車内と隔壁があって、パタパタ…と斜めにたためるみたいなのだ。
?
車内
また、無線手がどっち向きに座ったのかも実は不明。無線器に対して、不自然にひねって座っていただろうが…。

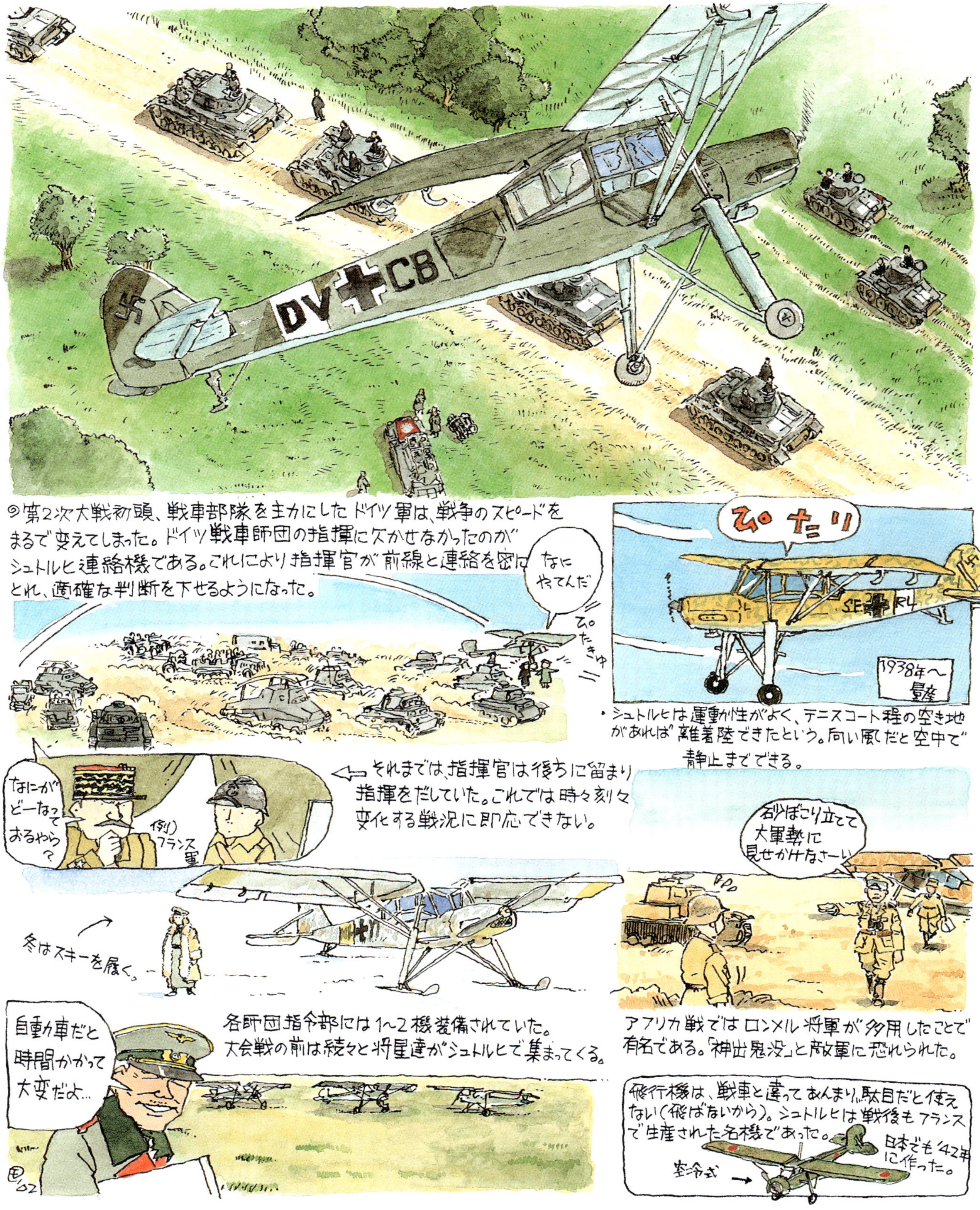
DV CB
◎第2次大戦初頭、戦車部隊を主力にしたドイツ軍は、戦争のスピードをまるで変えてしまった。ドイツ戦車師団の指揮に欠かせなかったのがシュトルヒ連絡機である。これにより指揮官が前線と連絡を密にとれ、適確な判断を下せるようになった。
なにやてんだ
ぴたきゅ
ぴたり
SE RL
1938年〜量産
・シュトルヒは運動性がよく、テニスコート程の空き地があれば離着陸できたという。向い風だと空中で静止までできる。
なにがどーなっておるやら?
例)フランス軍
⇦それまでは、指揮官は後ろに留まり指揮をだしていた。これでは時々刻々変化する戦況に即応できない。
砂ぼこり立てて大軍勢に見せかけなさーい
冬はスキーを履く。
自動車だと時間かかって大変だよ…
各師団指令部には1〜2機装備されていた。大会戦の前は続々と将星達がシュトルヒで集まってくる。
アフリカ戦ではロンメル将軍が多用したことで有名である。「神出鬼没」と敵軍に恐れられた。
飛行機は、戦車と違ってあんまり駄目だと使えない（飛ばないから）。シュトルヒは戦後もフランスで生産された名機であった。
日本でも'42年に作った。
空冷式→

Fi156シュトルヒ連絡観測機 （ドイツ・1937-45年）

■43：シュトルヒ・冬季迷彩（ドイツ・1937-45年）
■44：シュトルヒ・砂漠迷彩（ドイツ・1937-45年）
■45：シュトルヒ・2色迷彩（ドイツ・1937-45年）

SPECIFICATION

重量：930kg
全長：9,900㎜
全幅：14,250㎜
全高：3,050㎜
翼面積：26.00㎡
後続距離：470㎞
速度：175㎞/h（海面高度）
上昇限度：4,600m
武装：機関銃×1挺

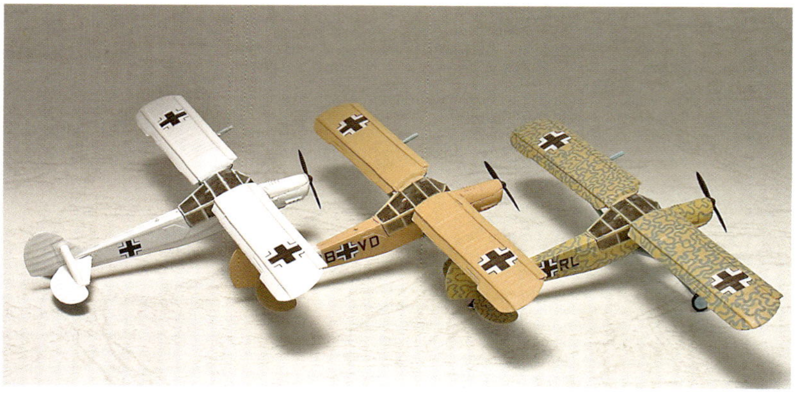

戦車隊を指揮するコウノトリ

ドイツのフィーゼラー社が作ったFi156シュトルヒ（コウノトリ）は飛行機なので、元来空軍の所属だが、第二次大戦中は、陸軍でも、しばしば軍司令官クラスの指揮官が乗り回していた。戦車隊が前進せずにぐずぐずしていると、その側に司令官を乗せたシュトルヒが降りて来て「どうして進まないのか!?」と、怒鳴りつけられた、なんて逸話もあるらしい。シュトルヒは《STOL機》と言って、簡単に言えば凧のようにフワフワした飛行機で、ちょっとした平地があればさっと着陸できたし、テニスコートほどの広さの滑走路からでも離陸できたのである。現代で言えばヘリコプターに近いかな。つまり、どこにでも降りてくる空飛ぶ上司、「空からはなんでもお見通しさ」なんて、戦車に乗って地面を走って苦労してる戦車隊の指揮官の立場になって考えてみると、嫌な感じの飛行機だな。
（解説／梅本 弘）

これは1944年冬のエストニア・ナルヴァ戦線の修理部隊での風景だ。ティーガーⅠ型の向こうに冬季迷彩のシュトルヒが駐機しているが、垂直尾翼の鍵十字の上に「田」の字の軍司令官旗マークが描かれているのがわかる。

★1930年代、フェルジナント・ポルシェ博士は「国民車構想」を立ちあげた。2人の大人と3人の子供が安全に乗れて、運転もメンテナンスもしやすい…それがフォルクスワーゲンだった。1939年のベルリン・モーターショーで殿堂入り！が、すぐ戦争が始まり国民の手にはわたらなかった。フォルクスワーゲンのシャーシを利用して作られたのがキューベルワーゲンである。

ポルシェ博士。戦車業界的にはわけのわからないスーパー戦車をたくさん考えたことで有名だが。モーターで走るエレファントとか。

いきなり
軍事転用

兄弟分に水陸両用「シュビムワーゲン」がある⇩

やっぱり大人5人はきびしいよな…
ペラペラだし
ライフル立て
メーターは速度計のみ。燃料タンクもまる見えだ。
当初エンジンは1000ccなかった。

★ドイツ軍を代表するキューベルワーゲンは構造がシンプルで量産がきいた。キューベルはバケツの意味である。

いろいろ改造された。
ロンメルのはりぼて偽戦車

米軍のジープとよく比較されるが、もともとキューベルワーゲンは四輪駆動車ではないし…文献により評価がまちまちである。

四駆ならなぁ
軽くてよかった

タンカを乗せる救急車
訓練用戦車タイプ
砂漠では沈まぬようにバルーンタイヤ

地上攻撃機《ヤーボ》による空襲がはげしくなると、すぐ逃げられるようにドアをとってしまったのもあるようだ。

海洋堂兵器局からおしらせ

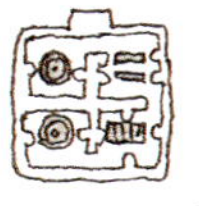

キットにはオマケ(のオマケ)パーツがついています。これはパンター戦車の予備転輪と予備キャタピラです。腕におぼえのある人は、細かいパーツですので注意してプラモデル用カラーで彩色して、好きなところに瞬間接着剤でとりつけて下さい。

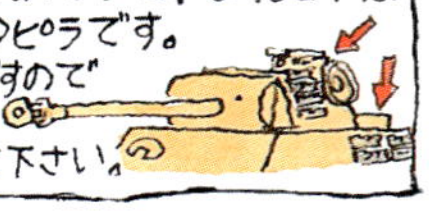

キューベルワーゲン野戦乗用車 （ドイツ・1940-45年）

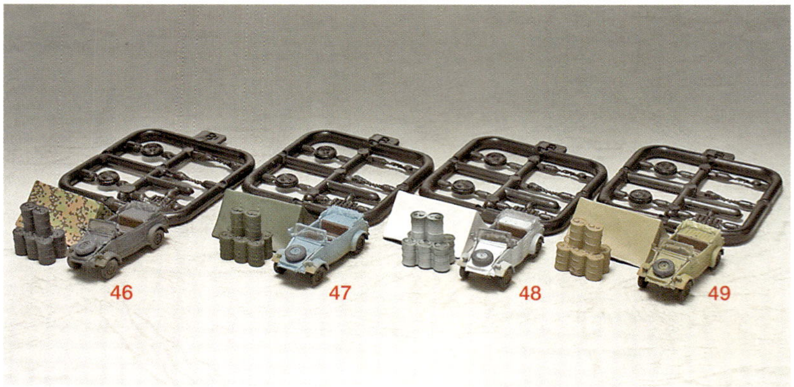
46
47
48
49

■46：キューベルワーゲン・単色迷彩（ドイツ・1940-45年）
■47：キューベルワーゲン・空軍仕様（ドイツ・1940-45年）
■48：キューベルワーゲン・冬季迷彩（ドイツ・1940-45年）
■49：キューベルワーゲン・砂漠迷彩（ドイツ・1940-45年）

SPECIFICATION

全長：3,790㎜
全幅：1,610㎜
全高：1,650㎜
重量：725㎏
最高速度：85㎞/h
航続距離：400㎞
武装：機関銃×1挺
定員：4名

ジープと比べると国力差を感じちゃう

戦前はいまと違って、庶民にとって自家用車を持つなど夢のまた夢であった。これではいかんと考えたドイツのヒットラー総統は、ドイツの自動車メーカーに庶民でも買える“国民車”の製作を命じた。そうして誕生したのが有名なフォルクスワーゲンである。そうこうするうちに第二次大戦が始まり、今度は大量の軍用車が必要になった。そこでフォルクスワーゲンの構造をさらに簡便にした軍用車、キューベルワーゲンが誕生したのである。この車は大量に生産され、第二次大戦中、ドイツ軍の現れるところすべてに持ち込まれた。アメリカのジープのように四輪駆動ではなかったが、車体が軽かったので、そうとうな荒れ地でも走破することができ、耐久性もあり、兵隊には好評だった。ただし運転席、ダッシュボードのすぐ奥が燃料タンクだから、運転席での喫煙は厳禁だった。

（解説／梅本 弘）

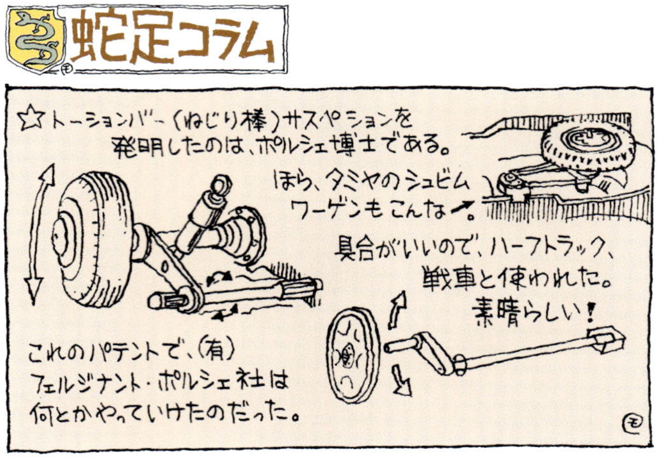
蛇足コラム
☆トーションバー（ねじり棒）サスペションを
発明したのは、ポルシェ博士である。
ほら、タミヤのシュビムワーゲンもこんな↗。
具合がいいので、ハーフトラック、
戦車と使われた。
素晴らしい！
これのパテントで、(有)
フェルジナント・ポルシェ社は
何とかやっていけたのだった。

1941年、ソ連に侵攻したドイツ軍の前に現れたT34/76は、それまでの戦車業界を一変させてしまった。
3.7cm対戦車砲「ドア・ノッカー」という あだ名をつけられる
23発喰らわせてもピンピンしてる！
ドイツ軍の装備はいっぺんで旧式化してしまったのだ。
「T34ショック」で、その後のドイツ戦車のデザインも変わる。
しかし…いろいろ問題はある訳で…
どこ？どこ？
←車長が砲手を兼ねているので、戦闘中はまわりを見る余裕がない。
外を見ようにもハッチが大きすぎ危ない…。
準備なしで戦争に突入したので、マトモに動かせる兵士がいなかった。
まがれませんっ！
足をどけて！
←砲弾の大部分は床下にあって、とり出すのが大変。車内すごく狭いし。
無線器も全然足りなくて、手旗信号の訓練をみっちりやりました。
でも戦闘中、そんなの出してるヒマないっす。
←結局、小隊長の戦車の後にぐるぐるついて回ることになる。これでは高度な連携プレイなど望むべくもなかった。
ぐるぐる…
2002-

T-34/76中戦車 1941年型（ロシア・1941-45年）

50
51
52

■50：T34/76、41年型・単色迷彩（ロシア・1941-45年）
■51：T34/76、41年型・スローガン（ロシア・1941-45年）
■52：T34/76、41年型・冬季迷彩（ロシア・1941-45年）

SPECIFICATION

重量：28t
全長：6,730㎜
全幅：2,920㎜
全高：2,438㎜
装甲厚：14～45㎜
兵装：76.2㎜砲×1門
　　　機関銃×2挺
速度：49.8㎞/h
乗員：4名

革命の国で作られた革命的な戦車

　第二次大戦中の戦車開発物語に必ず出てくるのが【T-34ショック】の話。この戦車は敵対したドイツ、イタリアの戦車設計者を驚愕させ、その後の戦車の設計を一変させるほど、先進的な設計で、装甲も厚く、主砲は強力、そして走るのも速く、幅の広い履帯でどんな荒れ地でも越え、燃費の良いディーゼルエンジンで補給がなくても長いあいだ戦えた。なんとカタログデータはいいこと尽くめ。ところが、戦車長は砲手を兼ねているため戦闘が始まると大忙しで外をよく見ている暇がなく、無線機もないのでほかの戦車と協力しあうことが難しく、砲弾も手近な数発を撃ってしまったら、床を剥がないと次の弾が出せず、孤立して、ドタバタしているうちに、カタログデータではT-34より遙かに弱いはずのドイツ戦車にやられてしまった。コンセプトは良いが、詰めが甘かったのである。
（解説／梅本 弘）

蛇足コラム

☆T34は車体の後ろに予備の燃料タンクをくっつけている。
……敵弾が当ったらどうするのか！と、思うがT34は軽油で走るので、ガソリンみたいに大発火することはないらしいです。
ガソリンエンジンのもあったが、別の話だ。
だからソ連軍の燃料車をつかまえても、そのまま使える訳ではなかったのである。
ドイツはガソリンなの
軽油かっ

Panther Ausf.G

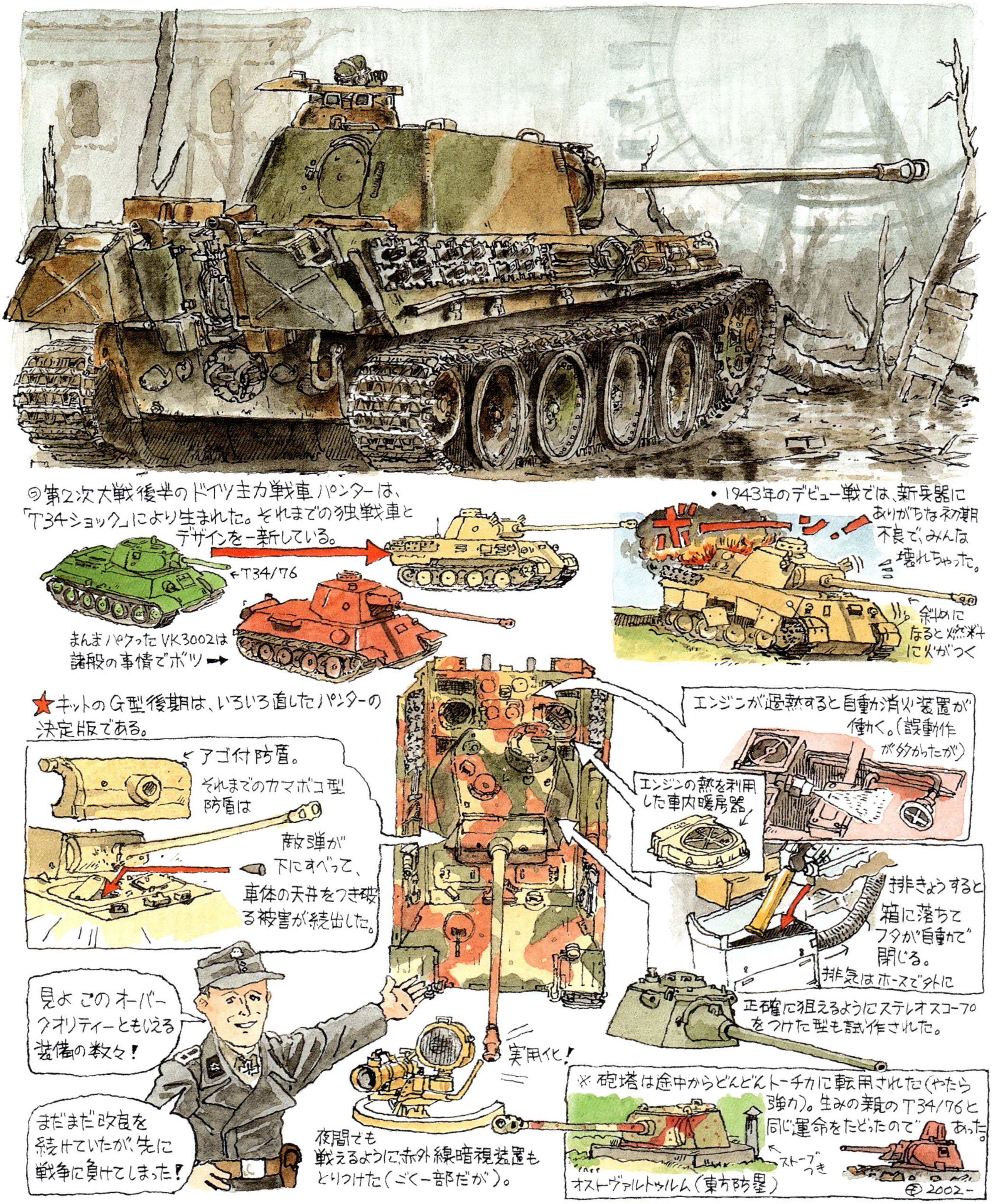

◎第2次大戦後半のドイツ主力戦車パンターは、「T34ショック」により生まれた。それまでの独戦車とデザインを一新している。
←T34/76
まんまパクったVK3002は諸般の事情でボツ→
・1943年のデビュー戦では、新兵器にありがちな初期不良で、みんな壊れちゃった。
ボーーン!!
斜めになると燃料に火がつく
★キットのG型後期は、いろいろ直したパンターの決定版である。
←アゴ付防盾。
それまでのカマボコ型防盾は
敵弾が下にすべって、車体の天井をつき破る被害が続出した。
エンジンが過熱すると自動消火装置が働く。(誤動作が多かったが)
エンジンの熱を利用した車内暖房器
排きょうすると箱に落ちてフタが自動で閉じる。
排気はホースで外に
正確に狙えるようにステレオスコープをつけた型も試作された。
見よ この オーバークオリティーともいえる装備の数々!
まだまだ改良を続けていたが、先に戦争に負けてしまった!
実用化!
夜間でも戦えるように赤外線暗視装置もとりつけた(ごく一部だが)。
※砲塔は途中からどんどんトーチカに転用された(やたら強力)。生みの親のT34/76と同じ運命をたどったのであった。
ストーブつき
オストヴァルトゥルム(東方防塁)
2002-

パンターG型中戦車 （ドイツ・1944-45年）

53
54
55

■53：パンターG型・単色迷彩（ドイツ・1944-45年）
■54：パンターG型・冬季迷彩（ドイツ・1944-45年）
■55：パンターG型・3色迷彩（ドイツ・1944-45年）

SPECIFICATION

重量：45.5t
全長：8,860㎜
全幅：3,400㎜
全高：2,980㎜
装甲厚：16～110㎜
兵装：7.5㎝砲×1門
　　　機関銃×2挺
速度：46㎞/h
乗員：5名
生産台数：2,953両

戦争には向かない理想的戦車

パンター（豹）戦車は、第二次大戦後期のドイツの主力戦車。当時、ロシアの主力戦車T-34/85と出会うと、たいがいパンターが先に命中弾を見舞った。装甲の厚さや、大砲の性能、速度や、航続距離などを比べると、むしろライバルのT-34/85のほうが優れていた。じゃなんでパンターが勝つか？　ペリスコープで車外がよく見えたので先に敵を発見でき、照準器は優秀、戦車兵はよく訓練され、車内の造りもよかったので砲弾を次々に速射できたからだ。事実、ロシアの戦車兵も分捕ったパンターを高く評価、自分らで乗りたがったとか。するとなぜドイツは戦争に負けたのか。高級乗用車のような造りのパンターは凝り過ぎで大量生産に向かず、うじゃうじゃ来る大衆車T-34/85を2～3両はやっつけても、後続のに返り討ちにあってしまった。ドイツの戦車はこんな話ばっかりだ。

（解説／梅本 弘）

蛇足コラム

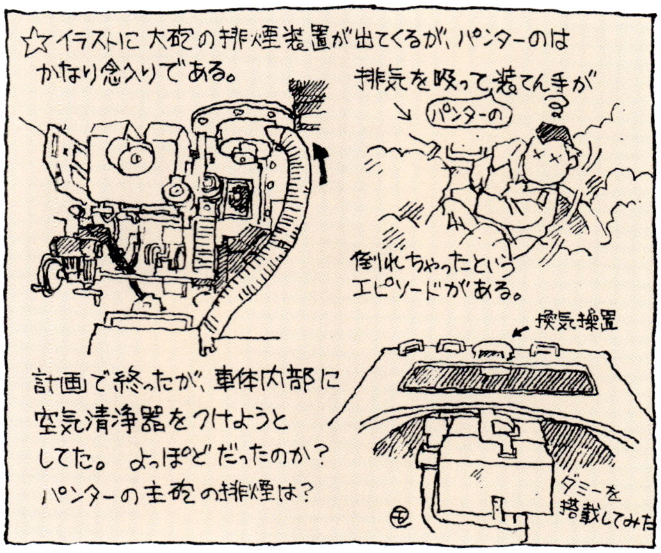
☆イラストに大砲の排煙装置が出てくるが、パンターのはかなり念入りである。
排気を吸って装てん手が
パンターの
倒れちゃったという
エピソードがある。
換気操置
計画で終ったが、車体内部に
空気清浄器をつけようと
してた。よっぽどだったのか？
パンターの主砲の排煙は？
ダミーを
搭載してみた

シークレットアイテム
シュトルヒ
グランサッソバージョン
えと文／モリナガ・ヨウ
1943年
イタリアの独裁者ムソリーニは失脚し、逮捕・幽閉されてしまった。新しくできた政府は、ドイツとの同盟を捨ててしまう。ムソリーニに復活してもらわないと困るヒトラーは、大救出作戦を命じたのである。
ムソリーニ
スコルツェニー
イタリア
Gran Sasso
どないしたらえーんや
SS特殊部隊のオットー・スコルツェニー
ムソリーニが幽閉されている山荘はグランサッソ山中にある。山麓からの交通手段はケーブルカー一本。ど、どうする？
空挺作戦や 空から行ったれ
グライダーで空挺部隊が山頂付近に強行着陸することにした。機首にブレーキ用逆噴射ロケットつけたそうだ。
通天閣の方が高いでぇ
悪気流をおかして、山荘のウラの空き地に着陸成功！
びっくりしたイタリア兵は、みんな逃げてしまった。
ムソリーニ
おそいわ〜
あなたは自由です！
5分とたたぬうちにムソリーニの身柄を確保した。
さて、問題はこれからどうやって彼を連れ出すか？
バババ
ここで離着陸の距離の短いシュトルヒの出番である。
がけの上で多数の兵士が機体をおさえて、エンジンまわして…
お前まで乗ったら落ちるやないか！
えーと史実ではこうなってますが
いっせーの、でパッと手を離すと、シュトルヒは
ヨタヨタしながらも飛びたっていったのだった。
ほかの隊員はどーやって帰ったのかなあ
と、いう訳でムソリーニ救出で名をあげた
スコルツェニーは、このあとも特殊コマンドとして
いろいろやらかしとります
あやし〜
1944年末のバルジ大作戦では、パンターを鉄板で囲ったニセ米軍戦車使ったりした。
ニセM10。
米軍はパニックに。
62-03

オットー・スコルツェニー （ドイツ・1908-1975年）

■シークレットアイテム：シュトルヒ／特殊任務

SPECIFICATION

重量：930kg
全長：9,900㎜
全幅：14,250㎜
全高：3,050㎜
翼面積：26.00㎡
後続距離：470㎞
速度：175㎞/h（海面高度）
上昇限度：4,600m
武装：機関銃×1挺

この人を助けるなら、やはりこの人

　ヒットラー総統の親衛隊（SS）。なかでも機関銃から銃砲や重戦車を持ち、38万名もの兵力を擁していた武装SSは、連合軍に恐れられていた。さらにそのなかでも、もっとも危険な男と言われていたのが、オットー・スコルツェニーSS中佐。かれは、このシュトルヒを使ったイタリアでのムッソリーニ救出作戦をはじめ、ハンガリーで枢軸側に反旗を翻した政府要人を捕らえて反乱を防止したり、ベルギーではアメリカ軍の服装をしたドイツ兵を大量に使ってアメリカ軍を大混乱に陥れたりとか、ヨーロッパ各所で、八面六臂の大活躍。ちなみにグランサッソに降りたほかの人は、ドイツ軍の別働隊が地上から占領していたケーブルカーを使って下山、トラックで帰りました。（解説／梅本 弘）

これは1945年５月16日にオーストリアで逮捕されたときのオットー・スコルツェニーSS中佐。ヨーロッパをまたにかけ神出鬼没の活躍ぶりを見せた中佐は、まるで映画俳優のような鋭い眼光が特徴的だ。

PANZERTALES

WORLD TANK MUSEUM

ワールド タンク ミュージアム

Series 04

■56:J.G.S.D.F. TYPE 61 MBT 2-Colors Scheme
■57:J.G.S.D.F. TYPE 61 MBT Mono-color Scheme
■58:J.G.S.D.F. TYPE 61 MBT Block Scheme
■59:J.G.S.D.F. TYPE 61 MBT Drop Scheme
■60:J.G.S.D.F. TYPE 90 MBT Mono-color Scheme
■61:J.G.S.D.F. TYPE 90 MBT Dot Scheme
■62:J.G.S.D.F. TYPE 90 MBT Winter camouflage
■63:J.G.S.D.F. TYPE 61 SPRR Winter camouflage
■64:J.G.S.D.F. TYPE 61 SPRR 2-Colors Scheme
■65:J.G.S.D.F. TYPE 61 SPRR Mono-color Scheme
■66:J.G.S.D.F. TYPE 61 SPRR Drop Scheme
■67:J.G.S.D.F. TYPE 87 AWSP Mono-color Scheme
■68:J.G.S.D.F. TYPE 87 AWSP Winter camouflage
■69:J.G.S.D.F. TYPE 87 AWSP 2-Colors Scheme
■70:J.G.S.D.F. AH-1S COBRA Winter camouflage
■71:J.G.S.D.F. AH-1S COBRA 2-Colors Scheme
■72:J.G.S.D.F. AH-1S COBRA Shark Mouse
■73:J.G.S.D.F. TYPE 74 MBT 2-Colors Scheme
■74:J.G.S.D.F. TYPE 74 MBT Mono-color Scheme
■75:J.G.S.D.F. TYPE 74 MBT Zebra Scheme
■76:J.G.S.D.F. TYPE 74 MBT Winter camouflage
■SECRET ITEM:J.G.S.D.F. TYPE 90 MBT Mono-color Scheme
J.G.S.D.F. TYPE 90 MBT Winter camouflage

ワールド タンク ミュージアム・シリーズ04

■56：陸上自衛隊61式戦車・二色迷彩
■57：陸上自衛隊61式戦車・単色迷彩
■58：陸上自衛隊61式戦車・ブロック迷彩
■59：陸上自衛隊61式戦車・ドロップ迷彩
■60：陸上自衛隊90式戦車・単色迷彩
■61：陸上自衛隊90式戦車・ドット迷彩
■62：陸上自衛隊90式戦車・冬季迷彩
■63：陸上自衛隊60式自走無反動砲・冬季迷彩
■64：陸上自衛隊60式自走無反動砲・二色迷彩
■65：陸上自衛隊60式自走無反動砲・単色迷彩
■66：陸上自衛隊60式自走無反動砲・ドロップ迷彩
■67：陸上自衛隊87式自走対空砲・単色迷彩
■68：陸上自衛隊87式自走対空砲・冬季迷彩
■69：陸上自衛隊87式自走対空砲・二色迷彩
■70：陸上自衛隊AH-1Sコブラ・冬季迷彩
■71：陸上自衛隊AH-1Sコブラ・二色迷彩
■72：陸上自衛隊AH-1Sコブラ・シャークマウス
■73：陸上自衛隊74式戦車・二色迷彩
■74：陸上自衛隊74式戦車・単色迷彩
■75：陸上自衛隊74式戦車・ゼブラ迷彩
■76：陸上自衛隊74式戦車・冬季迷彩
■シークレットアイテム：90式戦車/単色迷彩
90式戦車/冬季迷彩

■2003年6月発売（生産数250万個）
■造形企画制作／株式会社海洋堂
■原型制作／谷明
■発売者／株式会社タカラ
■販売者／株式会社ドリームズ・カム・トゥルー
■BOXアート／横山 宏
■土嚢型ガム（ミント味）入り、250円
■第4弾では、海洋堂スタッフ全員で富士総合火力演習を見学、その熱い想いが結実した。自衛隊物は幅広い層の人気を呼び、宮脇専務の思い入れの強い61式が、やはり多くのファンにも支持された。また、宮脇専務の要望により今回から塗装見本を人気戦車モデラーの斎藤仁孝氏が担当するようになった。

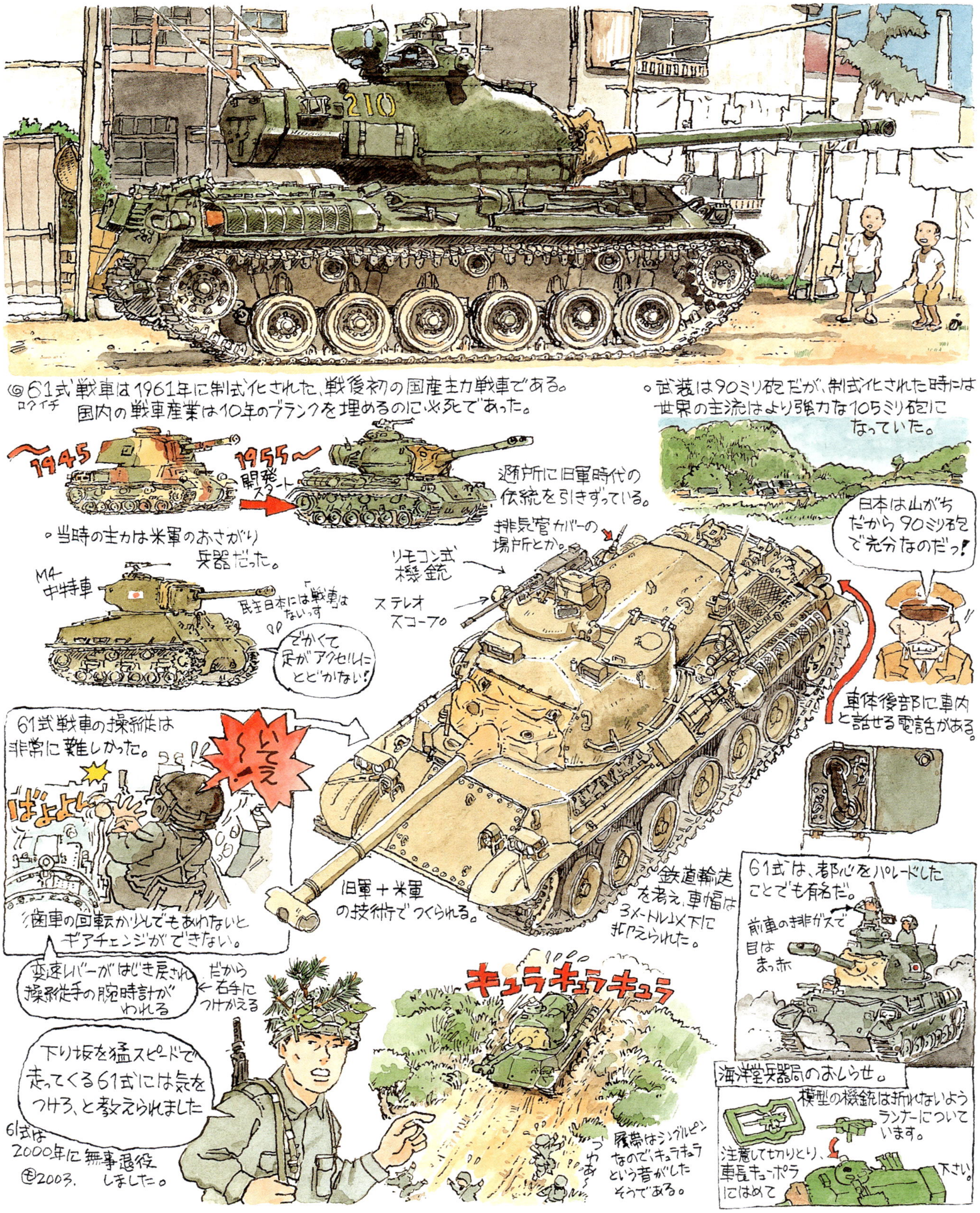
210
◎61《ロクイチ》式戦車は1961年に制式化された、戦後初の国産主力戦車である。
国内の戦車産業は10年のブランクを埋めるのに必死であった。
~1945
1955~
開発スタート
随所に旧軍時代の伝統を引きずっている。
○当時の主力は米軍のおさがり兵器だった。
M4中特車
「民主日本には戦車はないっす」
でかくて足がアクセルにとどかない!
○武装は90ミリ砲だが、制式化された時には世界の主流はより強力な105ミリ砲になっていた。
日本は山がちだから90ミリ砲で充分なのだっ!
排気管カバーの場所とか。
リモコン式機銃
ステレオスコープ
車体後部に車内と話せる電話がある。
61式戦車の操縦は非常に難しかった。
ばよよん
いてえ~!
歯車の回転が少しでもあわないとギアチェンジができない。
旧軍+米軍の技術でつくられる。
鉄道輸送を考え、車幅は3メートル以下に抑えられた。
61式は、都心をパレードしたことでも有名だ。
前車の排ガスで目はまっ赤
変速レバーがはじき戻され操縦手の腕時計がわれる
だから右手につけかえる
キュラキュラキュラ
下り坂を猛スピードで走ってくる61式には気をつけろ、と教えられました
61式は2000年に無事退役しました。
㊆2003.
履帯はシングルピンなので、キュラキュラという音がしたそうである。
海洋堂兵器局のおしらせ。
模型の機銃は折れないようランナーについています。
注意して切りとり、車長キューポラにはめて下さい。

61式戦車 （陸上自衛隊・1961-2001年）

■56：陸上自衛隊61式戦車・二色迷彩
■57：陸上自衛隊61式戦車・単色迷彩
■58：陸上自衛隊61式戦車・ブロック迷彩
■59：陸上自衛隊61式戦車・ドロップ迷彩

SPECIFICATION

重量：35t
全長：8,190㎜
全幅：2,950㎜
全高：2,490㎜
装甲厚：16～114㎜
兵装：90㎜砲×1門
機関銃×2挺
速度：45㎞/h
乗員：4名
生産台数：560両

日本の事情を考慮した合理的な設計

敗戦で10年間も途切れた技術開発の空白期間を乗り越えて、第二次大戦後初めて国内開発された戦車が61式。ばりばりの最新型、とまでは言えないものの、世界水準に追いつく主力戦車をまとめ上げた技術陣の努力と底力は高く評価されている。幅が狭く背が高いなどの特徴の多くは、鉄道輸送を重視した点からきている。数少ない戦車で効率よく全国をカバーするため、特別製の貨車でなくても運べるような、とくに全幅を抑えたコンパクトな車体が望ましかったのだ。予定したエンジン出力が出せなかったこともあって装甲は厚くないものの、M47のそれを参考に独自設計された90㎜砲は高速徹甲弾（APDS）の使用を前提にしていて、T-54/55の100㎜砲を上まわる威力があったという。なんと言っても、一度も実戦を経験せずに40年間も現役にあった天晴れな戦車である。
（解説／浪江俊明）

古い映画ファンには、日本を怪獣から守ってくれた（しかしすぐにやられた）戦車として印象深い。旧陸軍の戦車と、戦後すぐに作られたM47戦車を合わせたようなデザインに、昭和のイメージが重なる。（写真／浪江俊明）

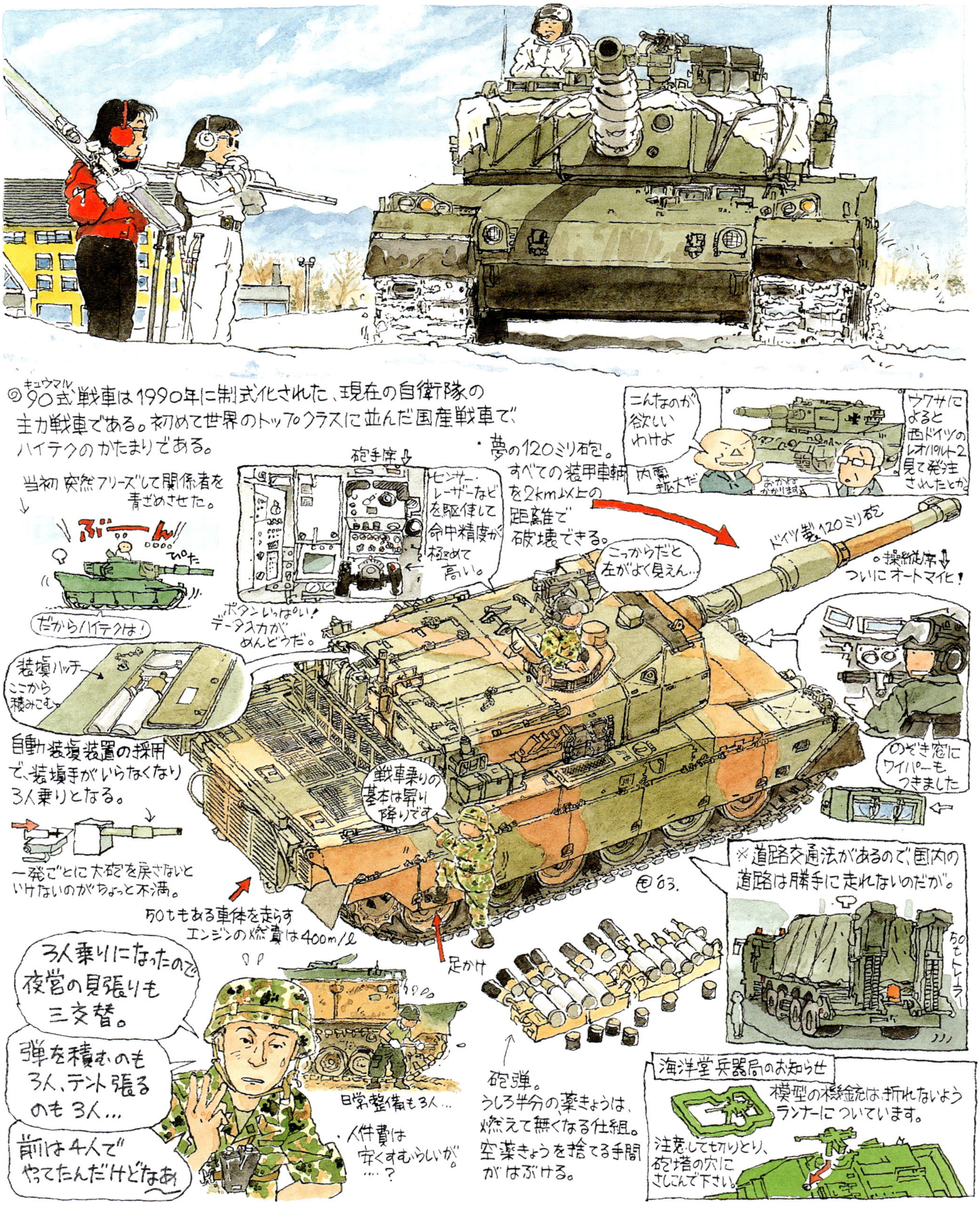
◎90《キュウマル》式戦車は1990年に制式化された、現在の自衛隊の
主力戦車である。初めて世界のトップクラスに並んだ国産戦車で、
ハイテクのかたまりである。
当初 突然フリーズして関係者を
青ざめさせた。
ぶーーん
ぴた
だからハイテクは！
砲手席
センサー・
レーザーなど
を駆使して
命中精度が
極めて
高い。
ボタンいっぱい！
データ入力が
めんどうだ。
・夢の120ミリ砲。
すべての装甲車輌
を2km以上の
距離で
破壊できる。
こんなのが
欲しい
わけよ
内需
拡大だ
おかねかかります
ウワサに
よると
西ドイツの
レオパルト2
見て発注
されたとか
ドイツ製120ミリ砲
こっからだと
左がよく見えん…
・操縦席
ついにオートマイ化！
のぞき窓に
ワイパーも
つきました
装填ハッチ
ここから
積みこむ。
自動装填装置の採用
で、装填手がいらなくなり
3人乗りとなる。
一発ごとに大砲を戻さないと
いけないのがちょっと不満。
戦車乗りの
基本は昇り
降りです
50tもある車体を走らす
エンジンの燃費は400m/ℓ
足かけ
※道路交通法があるので、国内の
道路は勝手に走れないのだが。
50tトレーラー
3人乗りになったので
夜営の見張りも
三交替。
弾を積むのも
3人、テント張る
のも 3人…
前は4人で
やってたんだけどなあ
日常整備も3人…
・人件費は
安くすむらしいが。
…？
砲弾。
うしろ半分の薬きょうは、
燃えて無くなる仕組。
空薬きょうを捨てる手間
がはぶける。
海洋堂兵器局のお知らせ
模型の機銃は折れないよう
ランナーについています。
注意して切りとり、
砲塔の穴に
さしこんで下さい。

90式戦車 （陸上自衛隊・1990年-）

■60：陸上自衛隊90式戦車・単色迷彩
■61：陸上自衛隊90式戦車・ドット迷彩
■62：陸上自衛隊90式戦車・冬季迷彩

SPECIFICATION

重量：50.2t
全長：9,755㎜
全幅：3,330㎜
全高：2,335㎜
装甲：複合装甲
兵装：120㎜滑腔砲×1門
　　　機関銃×2挺
速度：70㎞/h
乗員：3名
生産台数：292両（2005年まで）

遂に世界の主力戦車と同等に！

74式が採用されて数年後、戦車設計の思想が一変し、世界の戦車は第三世代へと更新される。超高速のAPFSDS弾や対戦車ミサイルの成形炸薬弾頭が当たっても貫通されない特殊な防護方法が発明されたのだ。90式はこの《複合装甲》材と、74式の2倍にあたる1500馬力のエンジンを持つ強力な戦車として開発された。主砲は105㎜に比べて命中精度が格段に優れるドイツのラインメタル120㎜砲のライセンスを導入、世界に先駆けて自動装填装置を採用して装填手を省いた3名乗務を実現した。熱線（赤外線）暗視装置を組み込んだ安定式照準器に砲身を追随させる誘導照準方式など射撃統制装置も高度。初弾での命中率が高く、目標と自車がともに走行中の行進間射撃も実用している。また前後方向の姿勢制御が可能だ。現在も年間18両程度の生産、配備が続いている。（解説／浪江俊明）

毎年行なわれる総合火力演習などで、50ｔもある車体がびゅんびゅん走る姿には圧倒される。しかし、公道を移動するときは、車体と砲塔を別のトレーラーに載せて運搬しなくてはならないのだ。（写真／浪江俊明）

◎60式《ロクマル》無反動砲は、タンク・デストロイヤーの一種である。
創生期の自衛隊は米軍のおさがり兵器ばかりだったので、そろそろ自前のを…と作られた。専守防衛に徹したまちぶせ兵器である。
基本的に戦中の技術で作られた。
スポットライフル
狙いをつけるため、はじめに一発（12.7ミリ弾）を撃ってみるしくみ。
主砲弾は車体の外においてある。弾こめは車外に出て行うのだ。
この部分
車体は地形の陰に隠して撃てるように、砲座が油圧で上下する。
正面にスキマができてスリリングだ！（あとでフタをする）
油断すると下がる時足をはさむ。
◎無反動砲ってなんだ？反対方向に弾丸の発射に必要な力と同量のガスを噴き出してバランスをとるものである。ものすごく大量の火薬を消費するが、砲は軽量にできる。
・うしろが抜けている。
・ちなみに61式戦車の90ミリ砲の反動は210tあるらしい。
すさまじいバックブラストである。撃ったらすぐ逃げなくてはならない。
バカン
居場所モロバレ。
試作車はうしろにも操縦席があった
ピュー
車長（砲手）
操縦手
装てん手
うしろむきに座るので酔います。
音もすごいんですけど、衝撃波がすさまじいです。
近くにいると鼻から口に抜ける。
歩兵とともに行動することが多い。

60式自走106㎜無反動砲 （陸上自衛隊・1960年-）

■63：陸上自衛隊60式自走無反動砲・冬季迷彩
■64：陸上自衛隊60式自走無反動砲・二色迷彩
■65：陸上自衛隊60式自走無反動砲・単色迷彩
■66：陸上自衛隊60式自走無反動砲・ドロップ迷彩

SPECIFICATION

重量：8t
全長：4,300㎜
全幅：2,230㎜
全高：1,380㎜
装甲厚：15～30㎜
兵装：106㎜無反動砲×2門
　12.7㎜スポットライフル×1門
速度：55㎞/h
乗員：3名
生産台数：253両

専守防衛に生きた太平洋戦争の技術

60式自走無反動砲は第二次大戦後10年間の空白を経て、初めて国産された装甲戦闘車両。翼安定式の105㎜成形炸薬弾を撃ち出す無反動砲を乗用車なみの小型車体に搭載した一種の自走砲だ。主眼は重装備が少なかった当時の普通科（歩兵）部隊に、敵戦車に対抗できる火力を与えること。戦車を開発するための練習台という性格もあった。いつも側にいるとは限らない戦車と違って、兵員の身近にいるという点では、旧日本軍の軽装甲車(豆タンク）の流れをくんでいる。装甲は多少の機銃弾や砲弾片に堪える程度だが、いざとなれば戦車並かそれ以上の威力を発揮する。ただ無反動砲はエネルギーの半分を後方爆風として吹き出すから砲弾の初速が遅く射程が短いし、せっかくの待ち伏せ場所を曝露してしまう。必殺の2発目を素早く連続して撃つために砲を2門積んでいる。(解説／浪江俊明)

山や谷が多い日本国内でいちばん役にたちそうなのがこの車両。しかし１発撃ったら敵から倍以上のお返しがくるのはまちがいない。いまの技術でラジコン操作できるようにしたら使い道はあるかも……？

◎87《ハチナナ》式自走対空砲は、1987年に制式化された。戦車部隊に随伴して空の防御をする車輌である。
西ドイツのゲパルトをお手本にした。
捜索レーダー
追尾レーダー
※ゲパルトのレーダー配置は特許なのでマネできないのだ。
自動追備などハイテク対空システム。
捜索レーダー
目標追備レーダー
※米軍はこういったタイプの対空自走砲を作るのをやめてしまった。制空権は奪われるモノ、と日本やドイツは考えているのだ(第二次大戦でひどい目にあったから)。
・スイスのエリコン社35mm機関砲をライセンス製産
足まわりは74式と同じ。90式の速度についていけない。
有効射程は3000メートルある。その辺に弾丸をバラまく訳にはいけないので、訓練は海にむかって行っているそうだ。
電気を喰うのでここにエンジンを増設。
何発積めるかは国家機密だっ
この35ミリ機関砲は1秒間に20発撃てる。
人力で給弾の図
!!
弾丸はものすごくデカイ
ギリギリギ
35mm弾。
直経3.5cm
薬きょうは500mℓのペットボトルくらいありそうだ。
空薬きょうは回収するキマリ。シートを広げて訓練しているところが自衛隊である。
かなりの高性能なのですが、最大の問題はその高価格。90式戦車2台分です(約16億円)。
そのせいで毎年ちょっとずつしか配備されず、まるで数が揃いません。
年2輌、らしい。
海洋堂兵器局からのお知らせ
細いので折らないように注意。
模型は砲塔が外された状態で箱に入っています。車体の穴にはめこんでください。
'03.

87式自走高射機関砲 （陸上自衛隊・1987年-）

■67：陸上自衛隊87式自走対空砲・単色迷彩
■68：陸上自衛隊87式自走対空砲・冬季迷彩
■69：陸上自衛隊87式自走対空砲・二色迷彩

SPECIFICATION

重量：38t
全長：7,990㎜
全幅：3,180㎜
全高：4,400㎜
兵装：35㎜機関砲×2門
速度：53㎞/h
乗員：3名

制空権はいつでも敵のもの!?

　機甲部隊と行動をともにしながら、戦車の天敵である攻撃ヘリコプターや対地攻撃機から部隊を護るために作られたのが87式。定評あるスイスのエリコン35㎜機関砲を2門と射撃統制用のレーダーや照準装置、コンピュータなどの高度なシステムを砲塔にひとまとめにして、それを74式戦車を基本にした車体に搭載した《走る高射砲陣地》だ。高速で飛来する敵機の未来位置を予測計算して、3㎞離れた三次元の空中の一点に1門あたり毎分550発の割合いで砲弾を集中できる。同じクラスのものは世界でもほんの数車種しか実用化されていない高性能でデラックスな装備なのだ。ただし低空の目標に対する探知識別能力に優れている反面、レーダー電波を出せば敵にも発見され、また機関砲ではそれらの放つ誘導爆弾やミサイルには分が悪い現実もある。任務は非常にハードである。
（解説／浪江俊明）

60式自走106㎜無反動砲の写真でも触れたが、この87式自走高射機関砲も、日本向きの車両と言えるのではないだろうか。それにしても1両約16億円というのは、我々がもっと配備しろなどとは言えない装備だ。（写真／浪江俊明）

◎この攻撃ヘリ「コブラ」は、対地攻撃専用に作られた。もともと米軍がベトナム戦争時、次の型ができるまでの暫定型として作ったが、そのまま今日に至る傑作機だ。
・乗員のヘルメットには棒がついていて、機体につながっている。視線の動きを伝えて、機銃もグリグリ同調して動くのだ。
機体幅を狭くするため、座席は直列(後席が操縦手・前席が射手)。前席でも操縦できるが、かなり難しいらしい。
ミラー
昔から戦車は空からの攻撃には弱い。たとえばドイツのルーデルは敵戦車を550台たおしたと言っている。
・目立たぬように地形ぞいに低く飛んでくる。発見は難しい。
対戦車ミサイルは誘導式なので、目標に命中するまで狙いつづけなければならない。その間機体がムキ出しになるから、ちょっと怖い。
※ものすごく燃料を喰うので、あまり長く戦えない。敵を捜索しつつ攻撃する、というスタイルはとらず、偵察ヘリの指示で出撃するのである。
機体の幅は1メートル弱しかなく、前に立つと薄さにびっくりします。
このくらい?
海洋堂兵器局から
・付属パーツ(ローター)を取りつけて下さい。大きいのが前、小さいのが後です。
折らないように注意!
Ⓜ2003-

AH-1S対戦車ヘリ・コブラ （陸上自衛隊・1982年-）

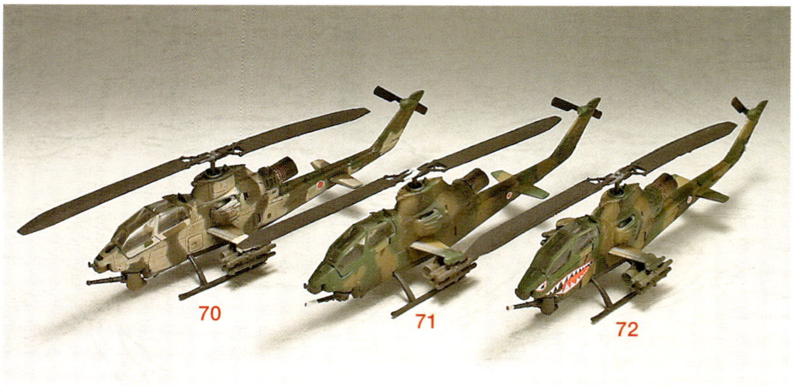

■70：陸上自衛隊AH-1Sコブラ・冬季迷彩
■71：陸上自衛隊AH-1Sコブラ・二色迷彩
■72：陸上自衛隊AH-1Sコブラ・シャークマウス

SPECIFICATION

全長：16,160㎜（胴体：13,590㎜）
全幅：3,280㎜
全高：4,190㎜
航続距離：456㎞
実用上昇限度：3,960m
速度：315㎞/h
乗員：2名
兵装：20㎜機関砲×1
対戦車誘導弾×8
70㎜空対地ロケット弾ポッド×2

敏捷に飛び回る空飛ぶ戦車

輸送ヘリコプターUH-1［イロコイ］から発展したAH-1［コブラ］は、TOW（トウ）ミサイルを最大8発、70㎜ロケット弾なら最大76発まで搭載できる有力な攻撃ヘリである。TOWは光学照準器の中に目標を捉え続けると半自動的に有線誘導される射程4㎞弱の強力なもの。これと地形に束縛されない三次元の機動力を持つヘリの組み合わせは対戦車戦闘で圧倒的な威力を発揮する。アメリカ軍の演習では1機の損失あたり18両の戦車を撃破したという。自衛隊では当時最新型のAH-1Sを《対戦車ヘリコプター》の名で1982年に採用、100機弱を配備した。胴体幅90㎝のスリムな機体は主要部に23㎜機関砲弾に対する耐弾性があり、一部は暗視装置を装備した［シーナイト］仕様に改修された。機首には20㎜3銃身のガトリング砲を装備、弾薬750発を搭載する。（解説／浪江俊明）

ある軍事評論家によれば、戦車とは航空戦力の的でしかない存在だという。制空権の確保を目的とした87式とは裏表の存在だ。2000年には生産が終了し、後継機としてAH-64アパッチが導入される予定。（写真／浪江俊明）

◎74式《ナナヨン》戦車は、1974年に制式化された戦車だ。同世代の戦車より後発の分、進化していた。
・当時の業界の流行を色濃く反影している。理想は高く凝りに凝っているのだ。
最大の特長は、油圧で車高を自在に変化できること。日本の、山がちな地形にぴったりだ。
念願の105ミリ砲。だが、制式化するや否や世界は120ミリ砲時代に。
試作時はよく油が抜けた。
だあ──
そこまでひどくなくても、傾いて走ってるのはけっこうある。
…
アクティブ投光器。赤外線フィルターを外すと、自殺行為的明るさ。1500メートル先で夜間本が読める。
・車高が低いので、車内は狭い。米軍が視察・試乗した時のエピソード
で、砲手はどこに座るの?
…あなたの足の間ですが?
砲手は車長になにかあると出られなくなっちゃう、らしい。
伝統の排気管ポジション。
・弾をすべらせそらすため、ひらべったい形をしている。
高速化を考えた日本戦車初の大型転輪
クッション
ケースから出して
ピンを抜いて
クッションをはめときます。
これは凝りすぎでは?の煙幕弾装着手順。(赤いフタは装てん済のしるし)。
Ⓜ2003.
潜水キットをつけると、2mはもぐれる。
(その時操縦手はカッパを着る。)
え?
74式は、「戦車はボカスカ撃ち合うモノ」という思想で作られた最後の戦車でした。その後 改造案も考えられましたが、お金がかかるので4台で中止になりました。
改
新しいの買ってよ
海洋堂兵器局のお知らせ。
模型の機銃は折れないようランナーについています。
注意して切りとり、砲塔の穴にさしこんで下さい。

74式戦車 （陸上自衛隊・1974年-）

■73：陸上自衛隊74式戦車・二色迷彩
■74：陸上自衛隊74式戦車・単色迷彩
■75：陸上自衛隊74式戦車・ゼブラ迷彩
■76：陸上自衛隊74式戦車・冬季迷彩

SPECIFICATION

重量：38t
全長：9,410㎜
全幅：3,180㎜
全高：2,250㎜
兵装：105㎜砲×1門
　　　機関銃×2挺
速度：53㎞/h
乗員：4名
生産台数：655両（2005年まで）

世界水準を凌駕する独自の設計

車体寸法やエンジンなど、61式は設計にあたっての制約が多く、当初から能力的な不満が指摘されていた。74式は寸法面を含めて一気にこれを世界水準に引き上げ、諸外国のものにない斬新な機構をも盛り込んで開発された戦後第二世代に属する戦車だ。主砲は西側世界の標準となった英ヴィッカースのL7系105㎜砲を採用、レーザー測距儀や弾道コンピュータなどとともに非常に流麗で低姿勢な鋳造製砲塔に搭載された。砲の俯仰（上下）角を油気圧式の懸架装置で車体ごとジャッキのように姿勢変換することで、まれに見る低車高を実現している。このため稜線などの地形を利用した待ち伏せが得意で、砲軸を水平に保てるから射撃も精密だ。機動力を防御に利用するコンセプトのため現在では装甲は貧弱だが、APFSDS（超高速の矢型徹甲弾）の採用で攻撃力はいまだ侮れない。
（解説／浪江俊明）

61式戦車に続いて日本が独自に開発した主力戦車だが、アイディアを詰め込み過ぎた感がある。しかし、当時の戦車のなかで、もっとも流麗なボディラインを持っていたのはこの74式だろう。（写真／浪江俊明）

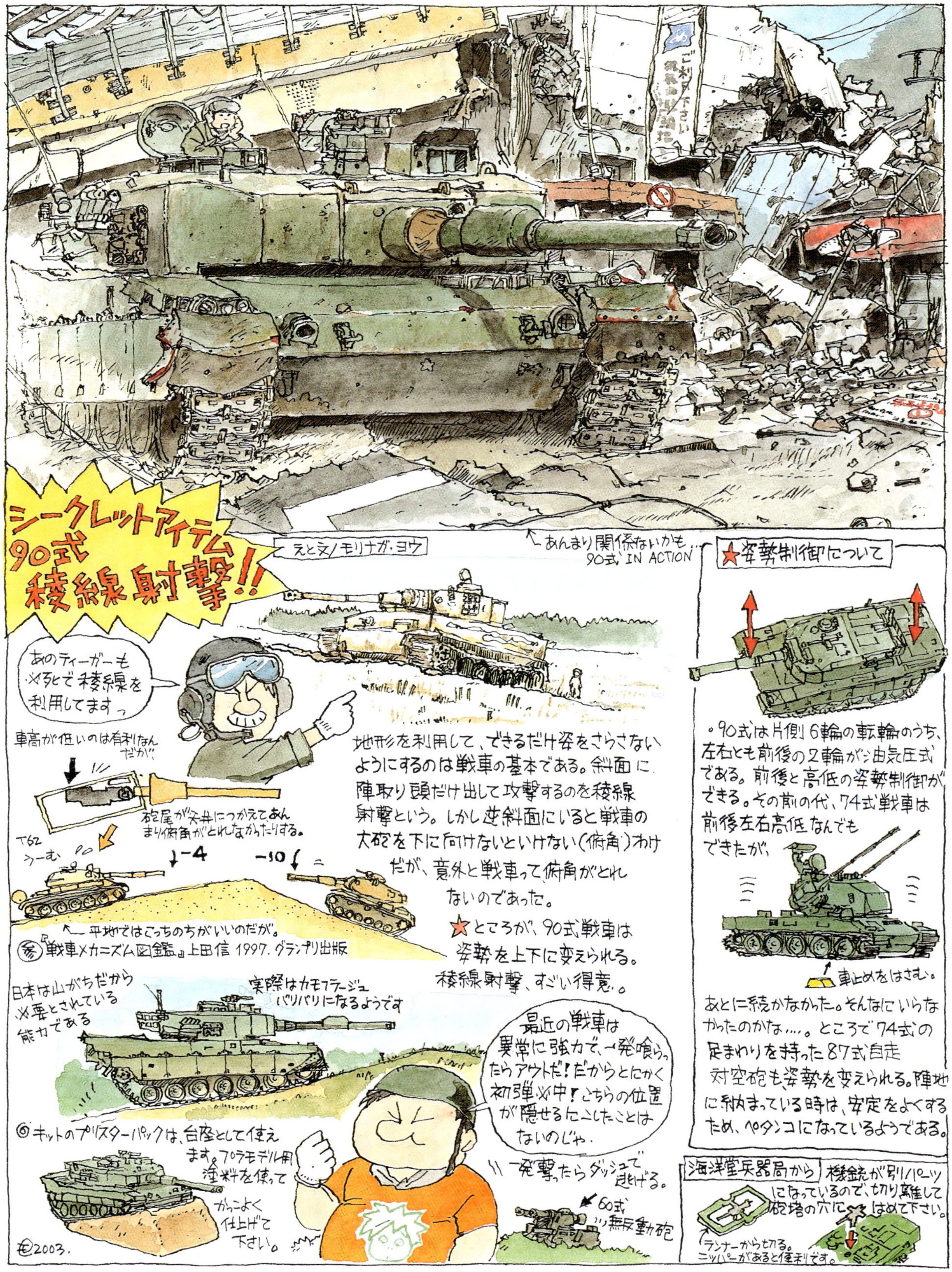
シークレットアイテム
90式
稜線射撃!!
えと文ノモリナガ・ヨウ
↖あんまり関係ないかも…
90式 IN ACTION
あのティーガーも
必死で稜線を
利用してます
車高が低いのは有利なんだが
砲尾が天井につかえてあんまり俯角がとれなかったりする。
T62
うーむ
−4
−10
↖平地ではこっちのちがいいのだが。
㊜『戦車メカニズム図鑑』上田信 1997. グランプリ出版
地形を利用して、できるだけ姿をさらさないようにするのは戦車の基本である。斜面に陣取り頭だけ出して攻撃するのを稜線射撃という。しかし逆斜面にいると戦車の大砲を下に向けないといけない(俯角)わけだが、意外と戦車って俯角がとれないのであった。
★ところが、90式戦車は姿勢を上下に変えられる。稜線射撃、すごい得意。
日本は山がちだから必要とされている能力である
実際はカモフラージュバリバリになるようです
最近の戦車は異常に強力で、一発喰らったらアウトだ! だからとにかく初弾必中! こちらの位置が隠せるにこしたことはないのじゃ.
一発撃ったらダッシュで逃げる。
60式無反動砲
㊙キットのブリスターパックは、台座として使えます。プラモデル用塗料を使って
かっこよく仕上げて下さい。
㊉2003.
★姿勢制御について
。90式は片側6輪の転輪のうち、左右とも前後の2輪が油気圧式である。前後と高低の姿勢制御ができる。その前の代、74式戦車は前後左右高低なんでもできたが、
車止めをはさむ。
あとに続かなかった。そんなにいらなかったのかな…。ところで74式の足まわりを持った87式自走対空砲も姿勢を変えられる。陣地に納まっている時は、安定をよくするため、ペタンコになっているようである。
海洋堂兵器局から
機銃が別パーツになっているので、切り離して砲塔の穴にはめて下さい。
ランナーから切る。ニッパーがあると便利です。

90式戦車 （陸上自衛隊・1990年-）

■シークレットアイテム：陸上自衛隊90式戦車・単色迷彩
陸上自衛隊90式戦車・冬季迷彩

SPECIFICATION

重量：50.2t
全長：9,755㎜
全幅：3,330㎜
全高：2,335㎜
装甲：複合装甲
兵装：120㎜滑腔砲×1門
機関銃×2挺
速度：70㎞/h
乗員：3名
生産台数：292両（2005年まで）

努力の結果です。稜線射撃

戦争映画や漫画なんかを見ていると、戦車は敵弾が降り注ぐなか、堂々と進撃してるけど、本当は、なるべく敵弾が降り注がないところをコソコソと進むのが基本。とても謙虚なんです。撃ち合いのとき、人がなるべく姿勢を低くして、あっちこっちに隠れながら進んで行くようにね。だから、時間に余裕があるときは、戦車が進んで行く前に、どのルートを通ると目立たないか、しかも地盤がしっかりしてるか（目立たない低いところはぬかっている場合が多い）、そしてどこに隠れて撃つと調子良いかなどを、よくよく偵察しておくのであります。稜線《りょうせん》射撃も、漫然と前進して行ったのでは、そうそう都合の良い稜線があるはずもないので、そういうものも事前に調べておくのであります。稜線射撃だって、つい出来心ではうまくできません。たいがいは計画的な仕業なのであります。
（解説／梅本 弘）

蛇足コラム

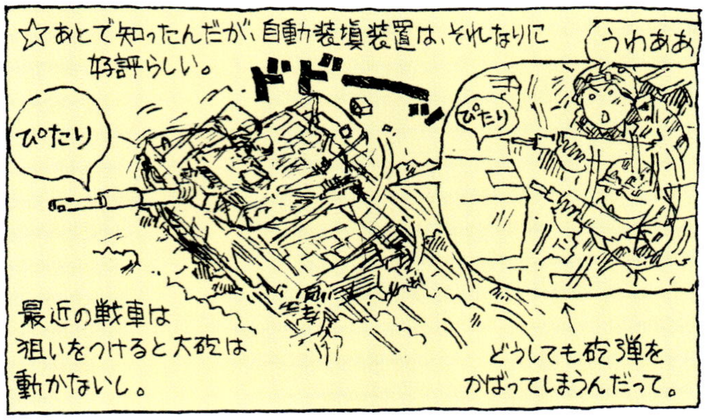
☆あとで知ったんだが、自動装填装置は、それなりに好評らしい。
ドドーーン
ぴたり
うわああ
ぴたり
最近の戦車は狙いをつけると大砲は動かないし。
どうしても砲弾をかばってしまうんだって。

PANZERTALES

WORLD TANK MUSEUM

ワールド タンク ミュージアム

Series 05

- ■77:TIGER I (Early Production) Afrika Scheme
- ■78:TIGER I (Early Production) Mono-color Scheme
- ■79:TIGER I (Early Production) Winter camouflage
- ■80:PORSCHE TIGER (Proto type) 3-Colors Scheme
- ■81:PORSCHE TIGER (Proto type) Mono-color Scheme
- ■82:PORSCHE TIGER (Proto type) 2-Colors Scheme
- ■83:TIGER II (Porsche Model) Mono-color Scheme
- ■84:TIGER II (Porsche Model) 3-Colors Scheme
- ■85:TIGER II (Porsche Model) Winter camouflage
- ■86:TIGER II (Porsche Model) 2-Colors Scheme
- ■87:JAGDTIGER (Henschel Model) Mono-color Scheme
- ■88:JAGDTIGER (Henschel Model) 3-Colors Scheme
- ■89:JAGDTIGER (Henschel Model) Winter camouflage
- ■90:Sd.Kfz.251 Ausf.D 3-colors Scheme (Dark yellow)
- ■91:Sd.Kfz.251 Ausf.D 3-colors Scheme (Dark green)
- ■92:Sd.Kfz.251 Ausf.D Winter camouflage
- ■93:M3 HALF TRACK Mono-color Scheme
- ■94:M3 HALF TRACK 2-Colors Scheme
- ■95:M3 HALF TRACK Sand Scheme
- ■96:JSU-152 Mono-color Scheme
- ■97:JSU-152 3-colors Scheme
- ■98:JSU-152 Winter camouflage
- ■SECRET ITEM:MICHAEL WITTMANN

ワールド タンク ミュージアム・シリーズ05

■77：ティーガーⅠ初期型重戦車・アフリカ迷彩
■78：ティーガーⅠ初期型重戦車・単色迷彩
■79：ティーガーⅠ初期型重戦車・冬季迷彩
■80：ポルシェティーガー（プロトタイプ）・3色迷彩
■81：ポルシェティーガー（プロトタイプ）・単色迷彩
■82：ポルシェティーガー（プロトタイプ）・2色迷彩
■83：ティーガーⅡ重戦車（ポルシェターレット）・単色迷彩
■84：ティーガーⅡ重戦車（ポルシェターレット）・3色迷彩
■85：ティーガーⅡ重戦車（ポルシェターレット）・冬季迷彩
■86：ティーガーⅡ重戦車（ポルシェターレット）・2色迷彩
■87：ヤクトティーガー（ヘンシェルタイプ）・単色迷彩
■88：ヤクトティーガー（ヘンシェルタイプ）・3色迷彩
■89：ヤクトティーガー（ヘンシェルタイプ）・冬季迷彩
■90：Sd.Kfz.251Dハーフトラック・3色迷彩イエローベース
■91：Sd.Kfz.251Dハーフトラック・3色迷彩グリーンベース
■92：Sd.Kfz.251Dハーフトラック・冬季迷彩
■93：M3ハーフトラック・単色迷彩
■94：M3ハーフトラック・2色迷彩
■95：M3ハーフトラック・サンド迷彩
■96：JSU-152重突撃砲・単色迷彩
■97：JSU-152重突撃砲・3色迷彩
■98：JSU-152重突撃砲・冬季迷彩
■シークレットアイテム：ミヒャエル・ヴィットマン

■2003年12月発売（生産数180万個）
■造形企画制作／株式会社海洋堂
■原型制作／谷明
■発売者／株式会社タカラ
■販売者／株式会社ドリームズ・カム・トゥルー
■BOXアート／横山 宏
■丸型ガム（コーラ味）入り、250円
■2年目のカンフル剤として、今度は直球勝負の虎づくし。中国工場の再現度も向上し、初期に製作したティーガー系列を谷氏が完全リニューアルした。ヤラレメカとしてM3ハーフトラックを追加。

TIGER I (Early Production)

◎第2次大戦のドイツ軍を代表するティーガー重戦車は、数々の伝説にいろどられている。
が、実はこのヘンシェル社タイプは、既存の重戦車から部品をかき集めて手早く開発された「やっつけ仕事」の産物だった。納期がタイトだったのである。

Ⓢ2003-

・初陣(テストみたいなもの)は、いきなりエンコ。全損車が出る…。

車体は開発中の36t戦車を拡大した
(ティーガーは57t。作っているうちに重くなった)。
※新期パーツは、エンジン，燃料タンク，冷却装置、潜水装置。

★特筆すべきはその撃たれ強さである。
やられても乗員は脱出、あとで回収・修理して復活する。

有名なあるティーガーの例

すぐ動かなくなるが、直してまた使う。どうもそういうモノだったようだ。作戦時は、回収係の予備ティーガーを残しておくのが理想である。

○整備は大変である。
57tの重量を支える足まわりは重なりあった大転輪。いちばん奥のを外すのに何枚とればいいんだろう。

とりつけネジ6コ。
現場で不評だった。

修理中の写真から。番号が書いてある。

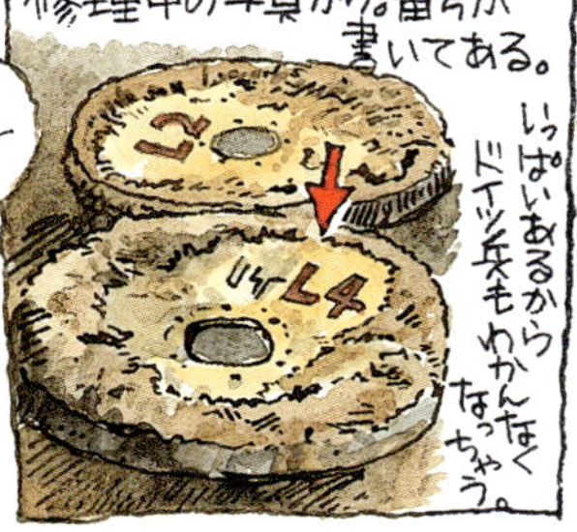

★この複合転輪、泥などがつまりやすい。

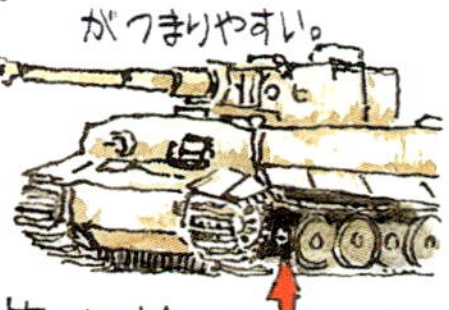

第1転輪の外側のを一枚外しているのがよく見られる。キットはこのタイプ。

ティーガーⅠ型重戦車 初期型（ドイツ・1942-45年）

■77：ティーガーⅠ初期型重戦車・アフリカ迷彩（ドイツ・1942-45年）
■78：ティーガーⅠ初期型重戦車・単色迷彩（ドイツ・1942-45年）
■79：ティーガーⅠ初期型重戦車・冬季迷彩（ドイツ・1942-45年）

SPECIFICATION

重量：57t
全長：8,450㎜
全幅：3,780㎜
全高：2,930㎜
装甲厚：25〜100㎜
兵装：8.8㎝砲×1門
機関銃×2挺
速度：38㎞/h
乗員：5名
生産台数：1,354両（初期型〜後期型）

無敵しかも不死身の重戦車

不死身の重戦車ティーガー。そのイメージは雨霰と飛んでくる敵弾を片っ端からはじき返して無敵の88㎜砲で反撃しながら進みつづけるといったものだろう。実際に『ティーガー無敵戦車の伝説・上』と言う本には、ティーガー戦車のものすごい活躍ぶりの数々が紹介されているが、よくよく読んでみると、ティーガーといえども大砲の直撃を受けると、どっかしら壊れてしまって行動不能になることが多かった。でも、重装甲のおかげで乗員は無事。逃げ出した彼らは後日回収修理されたティーガーに乗って帰ってくる。結論から言うと、ティーガーに代表されるドイツ戦車隊の強さは、戦車自体や乗員が優れていたことだけじゃなくて、壊されても故障しても重い戦車を戦場から根気よく回収して、手際よく修理してしまう《修理補修》部隊の有能さに支えられていたのだ。（解説／梅本 弘）

整備部隊で、砲塔の整備と冬季戦に備えての白色迷彩が施されるティーガーⅠ型。手前で砲塔をつり下げているクレーンは表紙イラストに描かれているもので、16ｔポータル（門）クレーンという、分解・運搬可能なもの。

Porsche Tiger (Prototype)

ポルシェティーガー重戦車 試作型（ドイツ・1942-45年）

■80：ポルシェティーガー（プロトタイプ）・3色迷彩（ドイツ・1942-45年）
■81：ポルシェティーガー（プロトタイプ）・単色迷彩（ドイツ・1942-45年）
■82：ポルシェティーガー（プロトタイプ）・2色迷彩（ドイツ・1942-45年）

SPECIFICATION

重量：57t
全長：9,340㎜
全幅：3,380㎜
全高：2,800㎜
装甲厚：20〜100㎜
兵装：8.8㎝砲×1門
機関銃×2挺
速度：35㎞/h
乗員：5名
生産台数：9両

自動車屋VS鉄道屋

模型屋さんで売っているリモコンやらラジコンやらの戦車は非常に単純な構造で調子よく動く。本物もああだったら、ややこしい変速機やらなにやら全部省略できるから素晴らしい、と天才は考えた。エンジンで発電して回すモーターで走る戦車を作ったわけだ。これなら変速機はいらない。ところが、やってみたら、普通にエンジンで走る戦車より複雑かつ脆弱になってしまった。で、結局、主力重戦車にはなれなかったのである。ちなみにヒットラー総統が1941年、バイエルンの山荘で行なわれた会議で重戦車の開発を命じたとき、ポルシェ社のライバルとなって競争試作を行なったヘンシェル社はもともと鉄道車両製造の会社だったという。重い車両の製造には慣れていたのか、ヘンシェル社は、ポルシェ的天才の閃きはないが、まずまず実用的な重戦車を作ることができたのかも。
（解説／梅本 弘）

エレファント重駆逐戦車で編成されていた第653重戦車駆逐大隊には、指揮戦車としてポルシェティーガーが1両だけ配備されていた。戦場での詳しい様子は『第653重戦車駆逐大隊戦闘記録集』（小社刊）に詳しい。

TIGER II (Porsche Turret)

114
★ティーガーIIは、ティーガーIがまだ作りかけの時から、「もっと強力な大砲を乗せよう！」と考えられた。はっきりした開発スケジュールがあったわけではなく、しかも競合する組織や企業の衝突の中で生まれていったのである。
←ティーガーI
◎はじめはラインメタル製の超8.8cm砲(FLak41)が予定されていた。
あとからクルップ製超8.8cm砲へ(Kwk43)
★この大砲を装備した重戦車の、ポルシェ博士案。
不屈の新作
電気戦車
◎ポルシェ博士用砲塔だけは、クルップ社でどんどん出来あがる。
◎エンジンで発電し、モーターで走る予定だったが、この車体がまるで完成しない。結局ポルシェ博士案はキャンセルになる。
作っちゃったんだからうけとってもらわんと困るっ
大砲が長いから、バランスをとるため砲塔もうしろに伸びる。
いかにも量産の難しそうな微妙なデザイン。
じゃあこの砲塔は、ヘンシェル社が開発中の車体にのせちゃおう、と。
おひろめ1943.12月
砲塔の前部にタマが当ったら、車体の天井にとびこむじゃないか。
・完成してから言わないで欲しい→
ポルシェ博士は、彼の設計した戦車の性能が不充分であったため人望がありませんでした。
ヘンシェル社総支配人(想像図)
'43,12月に戦車委員会議長に、ポルシェ博士から交代する。
★かくしてこの作りかけの砲塔の分を搭載したものを、ティーガーII「ポルシェ砲塔」と呼ぶのであった。(はじめの50台)
パーツ流用
あとは量産型になる
※現場ではポルシェ砲塔・ヘンシェル砲塔と特に区別してなかったようである。
むしろティーガーIと砲弾に互換性がなく、部隊内で混乱しました。
※ちなみにはじめに作られたティーガーIIは、まるで走らず(4台)せまりくる敵と戦えずに、処分されたそうだ。
うわっでけえー
アメリカ兵
こんな話ばかりだ。
Ⓜ'03.

ティーガーⅡ型重戦車　ポルシェ砲塔（ドイツ・1944-45年）

■83：ティーガーⅡ重戦車（ポルシェターレット）・単色迷彩（ドイツ・1944-45年）
■84：ティーガーⅡ重戦車（ポルシェターレット）・3色迷彩（ドイツ・1944-45年）
■85：ティーガーⅡ重戦車（ポルシェターレット）・冬季迷彩（ドイツ・1944-45年）
■86：ティーガーⅡ重戦車（ポルシェターレット）・2色迷彩（ドイツ・1944-45年）

SPECIFICATION

重量：68.5t
全長：10,300㎜
全幅：3,760㎜
全高：3,080㎜
装甲厚：25〜150㎜
兵装：8.8㎝砲×1門
　　　機関銃×2挺
速度：42㎞/h
乗員：5名
生産台数：47両

形から入る人には気になるその違い

ティーガーⅡ型重戦車には、ポルシェ社が設計した砲塔を搭載したポルシェ型と、ヘンシェル社の砲塔を載せたヘンシェル型がある。ポルシェ型は、初期に47両しか作られなかった。これは、あの丸い前面装甲の下側がショットトラップ（丸い下の部分に当たった弾が下方にはじかれて装甲の薄い操縦席の天井を打ち抜いてしまうこと）になったからだとか、生産性が悪かったからだとか（後生の人が形を見ての想像か？）いろいろな説がある。しかし（単に筆者が知らないだけかもしれないけど）現在、日本で出版されているティーガーや、ドイツ戦車の戦記をいくら読んでも、ポルシェ型は駄目だったという記述は見つからない。というか、当時の戦車兵はポルシェ型、ヘンシェル型とか全然区別せず、両者とも単に「ティーガーⅡ型」と呼んでいた。かれらにとっては、どっちでもよかったのだ。
（解説／梅本 弘）

Jagdtiger (Henschel Type)

ヤクトティーガーは、第2次大戦末期にドイツ軍が実用化した重駆逐戦車である。その巨体と重装甲・重武装は悪夢的ですらある。
・工場につり下げるクレーンがなく、なかなか量産に入れなかった（重量75t）。
カモフラージュしても、深いわだちをたどって敵機がやってきちゃう。
どうしよう…
前面装甲25センチ。
にじゅうごセンチ？
回転砲塔がないので、まるで密閉された装甲部屋だ
ぶ厚すぎる装甲と、巨大な砲・弾薬で内部はあんまり広くない。
限界を超えた労働をさせられるエンジン
○足まわり・エンジンにもうれつに無理させているのですぐ壊れる。
記録を見ると自爆処理のオンパレードです
壊れてエンコすると回収機材がないから、みんな処分されてしまうのです。
何のために作ったのかわからん…
兵隊も訓練不足だ。
3キロ先の敵戦車を撃破する12.8cm砲。
ユラユラ
バカ長いので移動時にちゃんと固定しないと照準が狂ってしまう。
砲弾
・長さ49.65cm
重さ28.3kg
12.8cm PzGr43
2人がかり。
薬筒
直径19.2cm
長さ87cm
重さ11kg
12.8センチ砲弾は巨大すぎ、車内での取りまわしを考えて弾頭と火薬は分離式となった。
★ある町の交差点で撃破されたヤクトティーガーは、戦争が終了してもそのままだった。
終戦の翌年、米軍が移動させようとしたがクレーンの方が壊れた。
すげえジャマ…
※2年後バーナーで細かく切って処分。

ヤークトティーガー重駆逐戦車 ヘンシェル型（ドイツ・1944-45年）

87
88
89

■87：ヤクトティーガー（ヘンシェルタイプ）・単色迷彩（ドイツ・1944-45年）

■88：ヤクトティーガー（ヘンシェルタイプ）・3色迷彩（ドイツ・1944-45年）

■89：ヤクトティーガー（ヘンシェルタイプ）・冬季迷彩（ドイツ・1944-45年）

SPECIFICATION

重量：70t
全長：10,654㎜
全幅：3,625㎜
全高：2,945㎜
装甲厚：40～250㎜
兵装：12.8㎝対戦車砲×1門
　　　機関銃×1挺
速度：41.5㎞/h
乗員：6名
生産台数：約80両

無敵伝説の行き止まり

ドイツ人は先見の明がある。技術的な先進性があり、凝り性でもある。そして無敵伝説も好き。で、できちゃったのがヤークトティーガー。もう繰り返し説明しているけど、ドイツ軍のティーガーⅠ型重戦車は非常に優れた戦車であったが、大戦も末期に近づくと、連合軍の戦車にも手強いのが現れた。これは近い将来《無敵の伝説》が崩れてしまうではないかと焦り、さらに強力なティーガーⅡ型を作った。この戦車は当時もう圧倒的に無敵だったが、敵もぼやぼやしてるはずがない。連合軍は早晩、この新型をも凌ぐ重戦車を作るだろうとドイツ人は考えた。いまのうちに手を打っておかねばと、もはや形容詞をつけようもないほど強いヤークトティーガーを作ってしまった。だが、当時の技術で運用するには重さの限界を超えており、無敵どころかほとんど役に立たない戦車となってしまった。
（解説／梅本 弘）

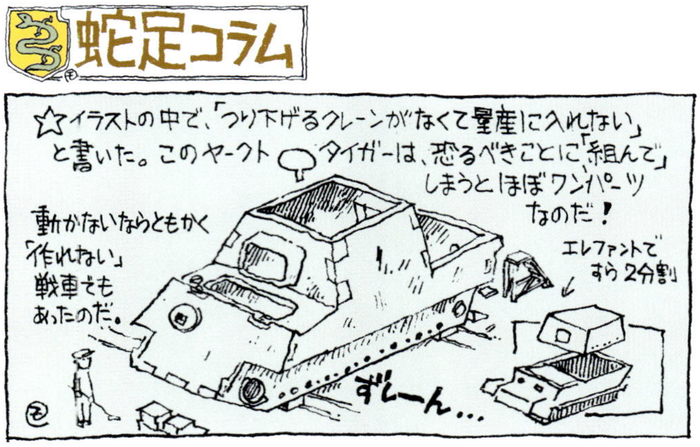

蛇足コラム
☆イラストの中で、「つり下げるクレーンがなくて量産に入れない」と書いた。このヤークトタイガーは、恐るべきことに「組んで」しまうとほぼワンパーツなのだ！
動かないならともかく「作れない」戦車でもあったのだ。
エレファントですら2分割
ずしーん…

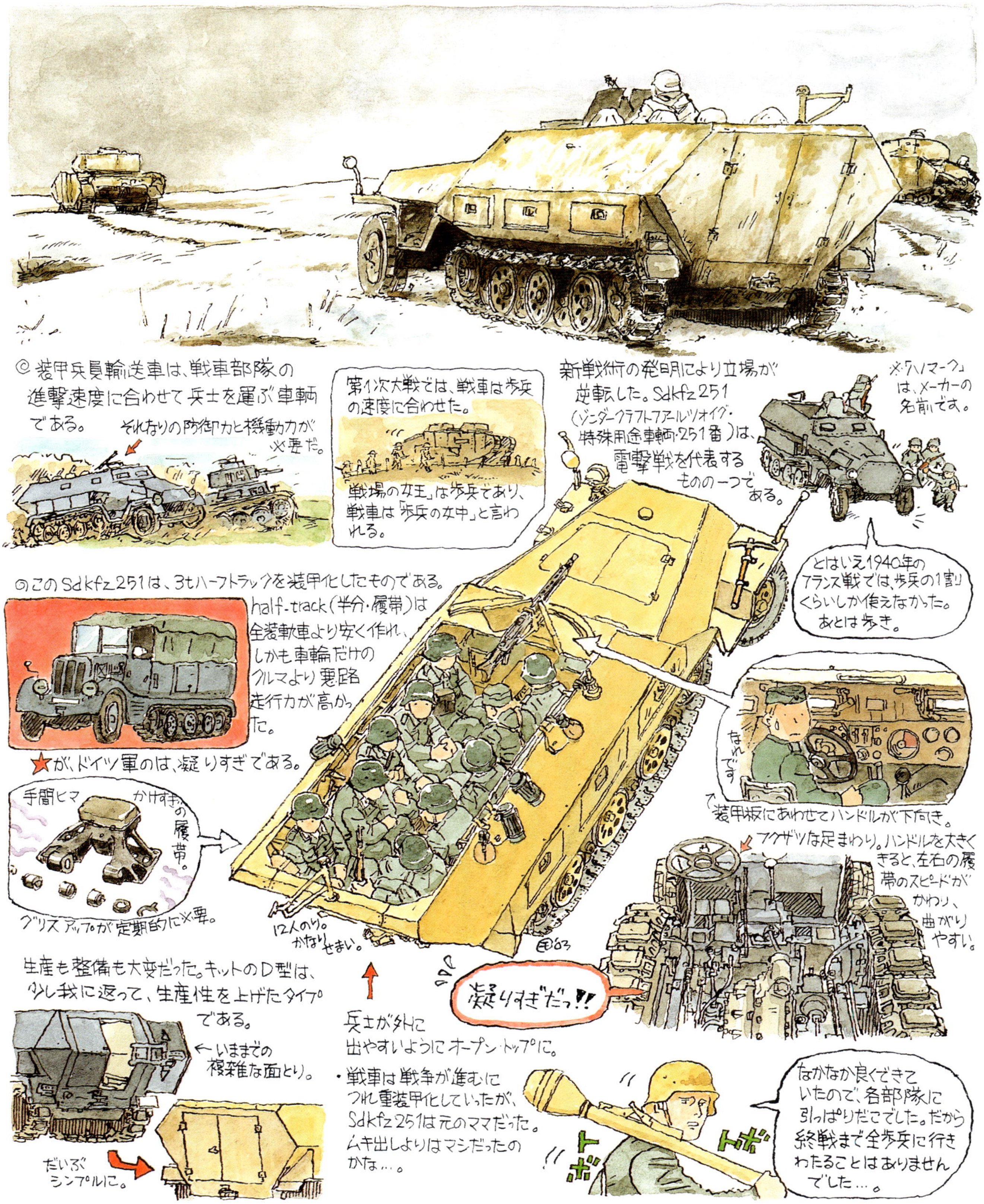
◎装甲兵員輸送車は、戦車部隊の進撃速度に合わせて兵士を運ぶ車輌である。
それなりの防御力と機動力が必要だ。
第1次大戦では、戦車は歩兵の速度に合わせた。
「戦場の女王」は歩兵であり、戦車は「歩兵の女中」と言われる。
新戦術の発明により立場が逆転した。Sdkfz251（ゾンダークラフトフアールツォイグ・特殊用途車輌・251番）は、電撃戦を代表するものの一つである。
※「ハノマーク」は、メーカーの名前です。
とはいえ1940年のフランス戦では、歩兵の1割くらいしか使えなかった。あとは歩き。
◎このSdkfz251は、3tハーフトラックを装甲化したものである。
half-track（半分・履帯）は全装軌車より安く作れ、しかも車輪だけのクルマより悪路走行力が高かった。
★が、ドイツ軍のは、凝りすぎである。
手間ヒマかけすぎの履帯。
グリスアップが定期的に必要。
12人のり。かなりせまい。
なれです
装甲板にあわせてハンドルが下向き。
フクザツな足まわり。ハンドルを大きくきると、左右の履帯のスピードがかわり、曲がりやすい。
生産も整備も大変だった。キットのD型は、少し我に返って、生産性を上げたタイプである。
←いままでの複雑な面とり。
だいぶシンプルに。
兵士が外に出やすいようにオープン・トップに。
・戦車は戦争が進むにつれ重装甲化していったが、Sdkfz251は元のママだった。ムキ出しよりはマシだったのかな…。
凝りすぎだっ!!
トボ
トボ
なかなか良くできていたので、各部隊に引っぱりだこでした。だから終戦まで全歩兵に行きわたることはありませんでした…。

Sd.Kfz.251D装甲ハーフトラック （ドイツ・1943-45年）

■90：Sd.Kfz.251Dハーフトラック・3色迷彩イエローベース（ドイツ・1943-45年）
■91：Sd.Kfz.251Dハーフトラック・3色迷彩グリーンベース（ドイツ・1943-45年）
■92：Sd.Kfz.251Dハーフトラック・冬季迷彩（ドイツ・1943-45年）

SPECIFICATION

重量：8t
全長：5,980㎜
全幅：2,100㎜
全高：1,750㎜
装甲厚：6～14.5㎜
兵装：機関銃×2挺
速度：53㎞/h
乗員：12名
生産台数：10,602両

みんなが欲しがる便利な車両

　製造メーカーの名前をとってよく「ハノマーク」と呼ばれるSd.Kfz.251は装甲されたハーフトラックで、正式には「装甲兵員輸送車」と言う。戦車部隊を支援する歩兵を運ぶために作られた車両で、戦車と同様、道の悪いところや原野でも同じ速度で走れるうえ、戦車と同等の防御力を備えていることを要求されていた。と言うことで、この車両が登場したとき、戦車の装甲板も正面14.5㎜、側面8㎜程度で、装甲ハーフトラックの装甲と同じだった。ところが戦車の装甲はどんどん厚くなり、A型、B型、C型と改良を重ねてきたD型が戦場に現れたころのドイツ戦車の正面装甲は、すでに80㎜になっていた。ところがハーフトラックはまだ14.5㎜のまま、これでいいのか、戦車はズルイ。でもこれで良かったのだ。このD型は終戦まで設計の変更もなく1万両も生産されたんだから。
（解説／梅本 弘）

Sd.Kfz.251には、兵員輸送タイプのほかに20種以上のバリエーションがあった。無線車や救急車のほかに、榴弾砲や対戦車砲を搭載して自走砲としても使用されている。写真の車両は無線車仕様のSd.Kfz.251/3型。

・ハーフトラック(half track)は、全部履帯の車輌より製造しやすくかつそれ並みの良好な路外性能をもつというので、第2次大戦中アメリカとドイツで熱心に開発・生産された。

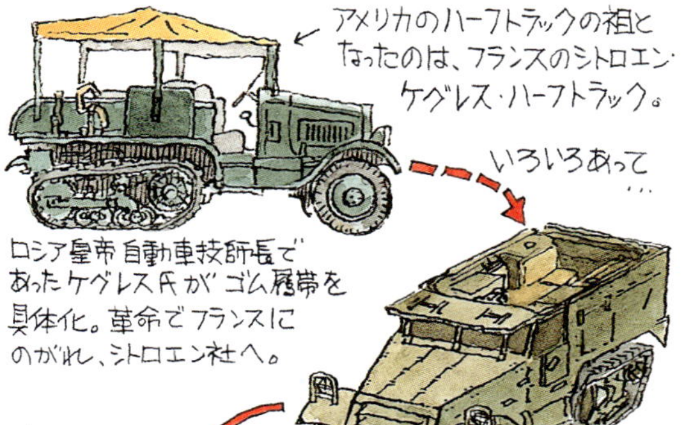
アメリカのハーフトラックの祖となったのは、フランスのシトロエン・ケグレス・ハーフトラック。
いろいろあって…
ロシア皇帝自動車技師長であったケグレス氏がゴム履帯を具体化。革命でフランスにのがれ、シトロエン社へ。

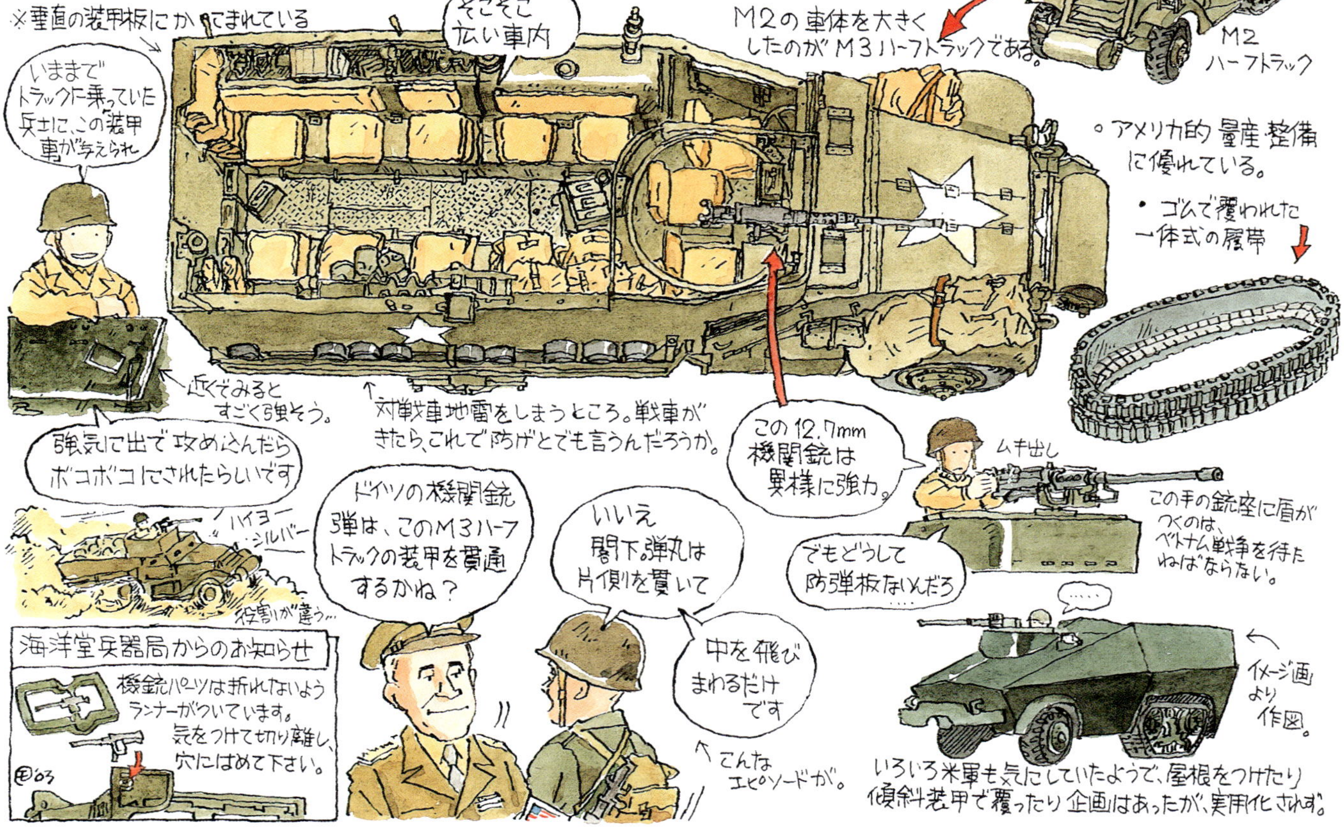
・half track=半分履帯
「半装軌車輌」という。
ホルト社のハーフトラック
アメリカでは1910年代〜 ゴツゴツと考えられていた。
クリスティーのハーフトラック
(クリスティーはT34のモトになった戦車を作ったひと)
M2の車体を大きくしたのがM3ハーフトラックである。
M2 ハーフトラック
※垂直の装甲板にかこまれている
そこそこ広い車内
いままでトラックに乗っていた兵士に、この装甲車が与えられ
。アメリカ的 量産・整備に優れている。
・ゴムで覆われた一体式の履帯
近くでみるとすごく強そう。
対戦車地雷をしまうところ。戦車がきたら、これで防げとでも言うんだろうか。
この12.7mm機関銃は異様に強力。
ムキ出し
強気に出で攻め込んだらボコボコにされたらしいです
ハイヨー シルバー
役割が違う…
ドイツの機関銃弾は、このM3ハーフトラックの装甲を貫通するかね?
いいえ 閣下。弾丸は片側を貫いて
中を飛びまわるだけです
こんなエピソードが。
この手の銃座に盾がつくのは、ベトナム戦争を待たねばならない。
でもどうして防弾板ないんだろ
……
……
イメージ画より作図。
いろいろ米軍も気にしていたようで、屋根をつけたり傾斜装甲で覆ったり企画はあったが、実用化されず。
海洋堂兵器局からのお知らせ
機銃パーツは折れないようランナーがついています。気をつけて切り離し、穴にはめて下さい。
㊤'03

M3装甲ハーフトラック （アメリカ・1943-45年）

■93：M3ハーフトラック・単色迷彩（アメリカ・1943-45年）
■94：M3ハーフトラック・2色迷彩（アメリカ・1943-45年）
■95：M3ハーフトラック・サンド迷彩（アメリカ・1943-45年）

SPECIFICATION

重量：9.3t
全長：6,370㎜
全幅：2,220㎜
全高：2,690㎜
装甲厚：6.4～12.7㎜
兵装：機関銃×2挺
速度：64㎞/h
乗員：13名
生産台数：2,862両

3万5千両も作ったんだけどねえ

　半分車で半分キャタピラ。ハーフトラックってとっても変。まずふだんは見かけない車両。それから軍用車としても現在は作ってないので、ハーフトラックは1920年代から50年代まで限定の車種だった。その異様な雰囲気から戦争映画にはよく出て来た。その非日常的な形がいいんでしょうなァ。で、このM3ハーフトラックだけど、ご存じのようにアメリカ軍車両。ところが筆者の印象に残ってるひと昔前の映画に出演したM3ハーフトラックは、たいがいダークイエローに塗装して巨大な鉄十字を描いたりしてドイツ軍役だった。一般人の目になじむ普通のジープやら、トラック、戦車などが白い星を描いて正義のアメリカ軍を演じているのに対して、なじみのない変な形のハーフトラックは、見るからに凶悪そうな鉄十字やら、鉤十字を描いた「露骨に悪いドイツ軍」役がお似合いだったのか？（解説／梅本 弘）

M3ハーフトラックは、レンドリース法によってM4中戦車やジープ、トラックなどのアメリカ軍装備とともにイギリスやロシアに大量に供給された。この車両は1945年にプラハに入城したロシア軍の車両。

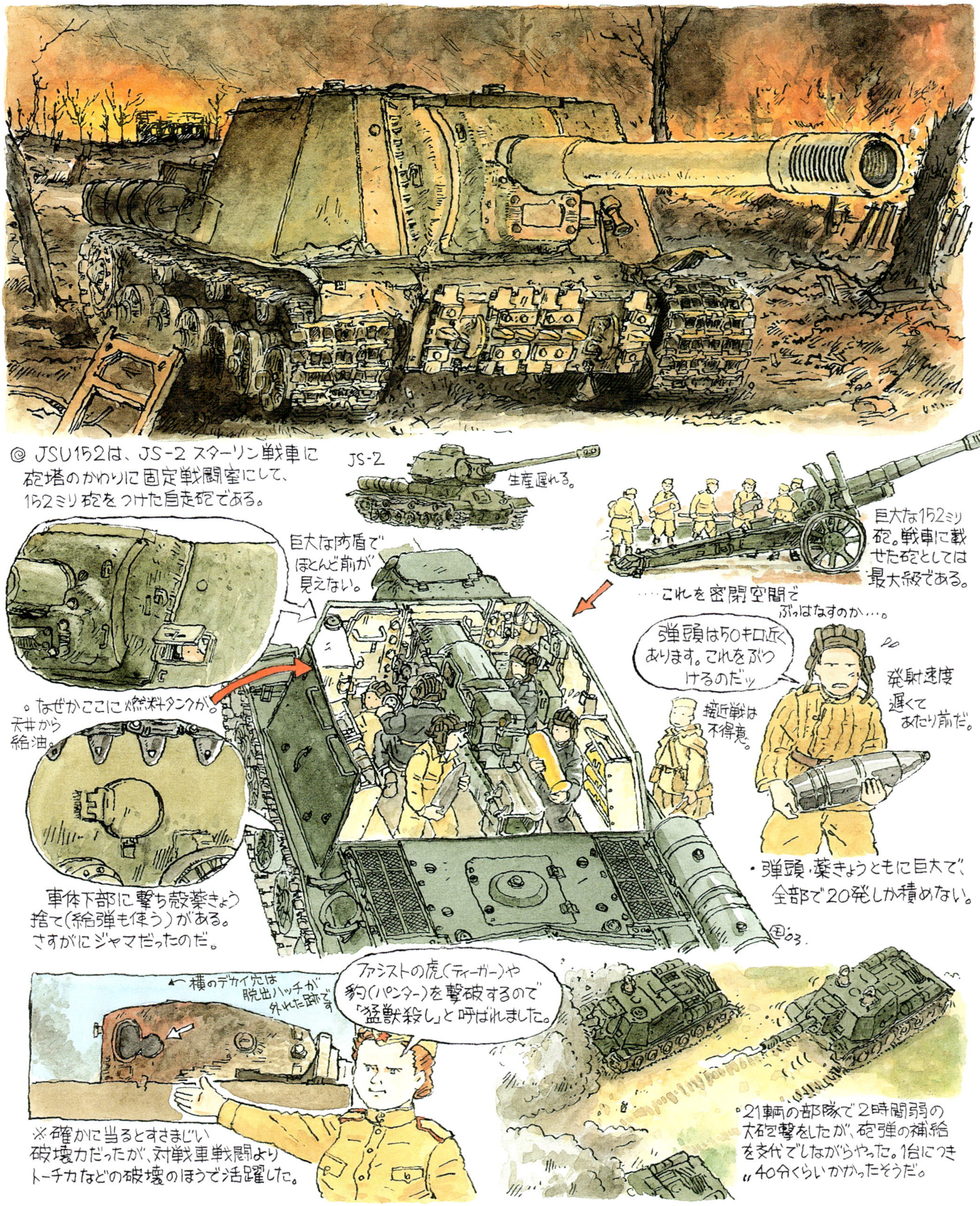
◎ JSU152は、JS-2 スターリン戦車に
砲塔のかわりに固定戦闘室にして、
152ミリ砲をつけた自走砲である。
JS-2
生産遅れる。
巨大な152ミリ砲。戦車に載せた砲としては最大級である。
巨大な防盾でほとんど前が見えない。
……これを密閉空間でぶっはなすのか…。
弾頭は50キロ近くあります。これをぶつけるのだッ
発射速度遅くてあたり前だ。
接近戦は不得意。
。なぜかここに燃料タンクが。
天井から給油。
車体下部に撃ち殻薬きょう捨て(給弾も使う)がある。さすがにジャマだったのだ。
・弾頭・薬きょうともに巨大で、全部で20発しか積めない。
←横のデカイ穴は脱出ハッチが外れた跡です
ファシストの虎(ティーガー)や豹(パンター)を撃破するので「猛獣殺し」と呼ばれました。
※確かに当るとすさまじい破壊力だったが、対戦車戦闘よりトーチカなどの破壊のほうで活躍した。
・21輌の部隊で2時間弱の大砲撃をしたが、砲弾の補給を交代でしながらやった。1台につき〃40分くらいかかったそうだ。

JSU-152重突撃砲 （ロシア・1944-45年）

96
97
98

■96：JSU-152重突撃砲・単色迷彩（ロシア・1944-45年）
■97：JSU-152重突撃砲・3色迷彩（ロシア・1944-45年）
■98：JSU-152重突撃砲・冬季迷彩（ロシア・1944-45年）

SPECIFICATION

重量：46t
全長：9,180㎜
全幅：3,070㎜
全高：2,480㎜
装甲厚：60〜90㎜
兵装：152㎜加農榴弾砲×1門
機関銃×1挺
速度：37㎞/h
乗員：5名

フィンランドの要塞が呼び出したお化け

1939年の冬に勃発した第一次ソ芬戦争。ソ連はフィンランドの要塞線の突破に苦労させられた。そこで敵の対戦車砲弾をはじき返す重装甲と、コンクリートの防御施設を一撃で破壊できる重砲を搭載した戦車の開発が命じられた。この種の戦車はいくつか作られたがどれもパッせず、そうこうするうちにドイツ軍のティーガー重戦車が出現。こいつに対抗するために開発にはいっそう拍車がかかり、その結果完成したSU-152はクルスク戦でドイツ軍の重戦車多数を撃破したと言われているが、どうもそれは眉唾らしい。同車をさらに改良したのが新型JSU-152。デザインは先代を引き継いだ凶悪な面構え。命中すればどんな重戦車も撃破できる152㎜砲搭載だが、分離薬筒式で旋回砲塔もなく、動きの速い戦車戦ではドイツのヤークトティーガーと大同小異の運命をたどったのでは。

（解説／梅本 弘）

蛇足コラム

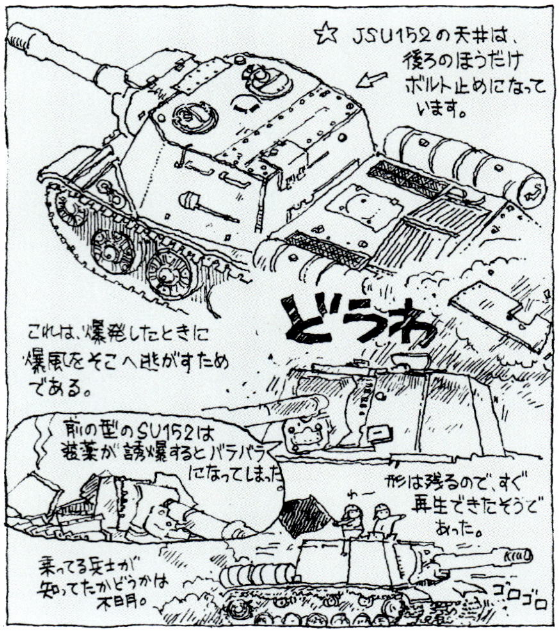

☆ JSU152の天井は、後ろのほうだけボルト止めになっています。
どうわ
これは、爆発したときに爆風をそこへ逃がすためである。
前の型のSU152は装薬が誘爆するとバラバラになってしまった
わー
形は残るので、すぐ再生できたそうであった。
乗ってる兵士が知ってたかどうかは不明。
ゴロゴロ

シークレットアイテム
ヴィットマンティーガースペシャルマーキング
え&文/モリナガ・ヨウ
◎昔の「タイガー戦車」のプラモデルには、必ずこの派手なマーキングが入っていた。とにかくこれを貼らないと始まらなかったのであった。
※最近でもタミヤの「初期型」に、ちゃんと入っていました。
アップにするとこんな感じ。
★で、これは何のマークだというと、ティーガー戦車のエース、ミヒャエル・ヴィットマンが騎士十字章という勲章を授与された時のモノである。全部で88台の敵戦車を撃破したことを表している。….細線は8本で、あと2台倒すとケタが繰りあがり。だが書き直すとは思えないので、たぶん撮影用？
戦車は簡単だ。だがPAK（対戦車砲）はBAMと来てはじめてわかる。
キットはこの時の様子が再現できる。カメラマンの求めに応じ、いろんなポーズのモノが何枚も残っている。（1944.1）
ヴィットマン
冷静で勇気があり気づかいも細やか。真面目で…など記録ではこんなのばかり。
子供の時はお父さんの狩りを手伝ったとか。
英雄を作り出すために、申告内容を確認しないで手当り次第にもち上げたんだ。
イギリスの歴史家。
・た、たしかにそういう一面も否定できんが、実際スゴイ人だったらしいし。
ヴィットマン、デビューする。
1941.7.
むむむむ、ソ連の戦車が17台もいる!!
よし、行くぞ 前進!!
ヴィットマンはたった1台の突撃砲で立ちむかった。
走りまわって何台もいるように見せるんだ!
ボカーン
ギュルルル
で、一瞬で敵のT-26戦車を7輌撃破したのであった。これが彼の名前が世に出るキッカケだったとかなんとか..
たいした手柄だ! ほうびは何がいい？
それより負傷したソ連兵を早く助けてやらないと
伝説だから。
それでは私の部下を紹介しよう!
最近の洋書で、この記念撮影時の、ヴィットマンクルーの人となりが!! 解説されている。歴史のナゾがまたひとつあきらかに!
・砲手のヴォル。ヴィットマンとともに騎士十字章をもらう。前は電気技師だった。いつも冷静で用心深かった。
・装てん手のベルガー。物静かな若者。優秀な装てん手だった。
・操縦手のキュルシェナー。長年戦車の運転をしていた。すぐれた操縦手で、整備もマメ。
・無線手のポールマン。仕事をまことにうまくこなす。機関銃の技術もたいしたものだ。
…ま、優秀なメンバーが集まってて良かったやないか…プ、プロパガンダ…??
優秀な装てん手ってどーゆーことじゃ？
てゆーか全員ほめすぎ…
※キャスティングは、まあ冗談デス。
㋲'03

ミヒャエル・ヴィットマン （ドイツ・1914-1945年）

■シークレットアイテム：ミヒャエル・ヴィットマン

SPECIFICATION
重量：57t
全長：8,450㎜
全幅：3,780㎜
全高：2,930㎜
装甲厚：25～100㎜
兵装：8.8㎝砲×1門
　　　機関銃×2挺
速度：38㎞/h
乗員：5名
生産台数：1,354両（初期型～後期型）

世界一有名な戦車兵

　ヴィットマンの研究をライフワークにしているアメリカ人、ゲーリー・シンプスン氏によると、彼は1914年4月22日、ドイツの農村に男二人女二人の四人兄弟のひとりとして生まれた。幼少時は父とともに農作業に従事するかたわら、狩猟にも熱心だったという。1934年10月30日、ドイツ国防軍に入隊。第19歩兵連隊に配属された。歩兵としての訓練中に出会ったＩ号戦車A型の強い印象が彼に戦車兵への志願を促したらしい。ともあれヴィットマンの伝記を読むと、非常に真面目、緻密、誠実でありながら大胆で勇敢だったことがわかる。非の打ち所がなくて、あまりおもしろくない。どんな本にしても、本人が戦死してしまってから戦争中のプロパガンダや戦友の回想をもとに書かれたものだから、いろいろと美化されてしまったのかもしれない。本当のヴィットマンって、どんな人？
（解説／梅本 弘）

蛇足コラム
注 この辺のシークレットアイテムに出てくるキャラクターは、海洋堂の人々の似顔絵を使った。完全な楽屋オチである。
ぞんざいな
ホビーロビーの 店長。
谷さん
中国係 村上さん
名前が読みにくいのは本人の希望である。
センムが「あれはヴィットマンみたいなんだ」で使ってしまった。感謝。
ボーメさん
兵器局平のさん
HLT

PANZERTALES

WORLD TANK MUSEUM

ワールド タンク ミュージアム

Series 06

■99:M1A2 ABRAMS NATO Scheme
■100:M1A2 ABRAMS NTC camouflage
■101:M1A2 ABRAMS Desert Scheme
■102:M1A1 plus ABRAMS Mono-color Scheme
■103:M1A1 plus ABRAMS NATO Scheme
■104:M1A1 plus ABRAMS Desert Scheme
■105:T-80U Russian service Scheme
■106:T-80U Russian Mono-color Scheme
■107:T-80U Desert Scheme
■108:LEOPARD 2 A6 Winter camouflage
■109:LEOPARD 2 A6 NATO Scheme
■110:LEOPARD 2 A4 Mono-color Scheme
■111:LEOPARD 2 A4 NATO Scheme
■112:Strv.122 Swedish service Scheme
■113:Strv.122 Winter camouflage
■114:MERKABA Mk.III (Baz) Desert Scheme
■115:MERKABA Mk.III (Baz) Light-green
■116:MERKABA Mk.III (Baz) Dark-green
■117:AH-1W SUPER COBRA USMC
■SECRET ITEM:BLACK EAGLE TANK 2-Colors Scheme
BLACK EAGLE TANK Mono-Color Scheme

ワールド タンク ミュージアム・シリーズ06

■ 99：M1A2 エイブラムス・NATO迷彩
■100：M1A2 エイブラムス・アグレッサー
■101：M1A2 エイブラムス・デザート迷彩
■102：M1A1（プラス）エイブラムス・単色迷彩
■103：M1A1（プラス）エイブラムス・NATO迷彩
■104：M1A1（プラス）エイブラムス・デザート迷彩
■105：T-80U・ロシア軍3色迷彩
■106：T-80U・単色迷彩
■107：T-80U・デザート迷彩
■108：レオパルド2 A6・冬季迷彩
■109：レオパルド2 A6・NATO迷彩
■110：レオパルド2 A4・NATO迷彩
■111：レオパルド2 A4・単色迷彩
■112：Strv.122・スウェーデン軍3色迷彩
■113：Strv.122・冬季迷彩
■114：メルカバ Mk.Ⅲバズ・デザート迷彩
■115：メルカバ Mk.Ⅲバズ・ライトグリーン迷彩
■116：メルカバ Mk.Ⅲバズ・ダークグリーン迷彩
■117：AH-1W スーパーコブラ・海兵隊仕様
■シークレットアイテム：チョールヌイ・オリョール・2色迷彩
チョールヌイ・オリョール・単色迷彩

■2004年8月発売（生産数150万個）
■造形企画制作／株式会社海洋堂
■原型制作／谷明
■発売者／株式会社タカラ
■販売者／株式会社ドリームズ・カム・トゥルー
■BOXアート／高荷義之
■土嚢型ガム（青リンゴ味）入り、250円
■満を持して現用物をリリース。現用戦車の製作は楽勝かと思いきや、無機質に見えながらも意外にディテールが多く、谷氏の原型作業も予想外に時間がかかり、また生産にも時間がかかったという。

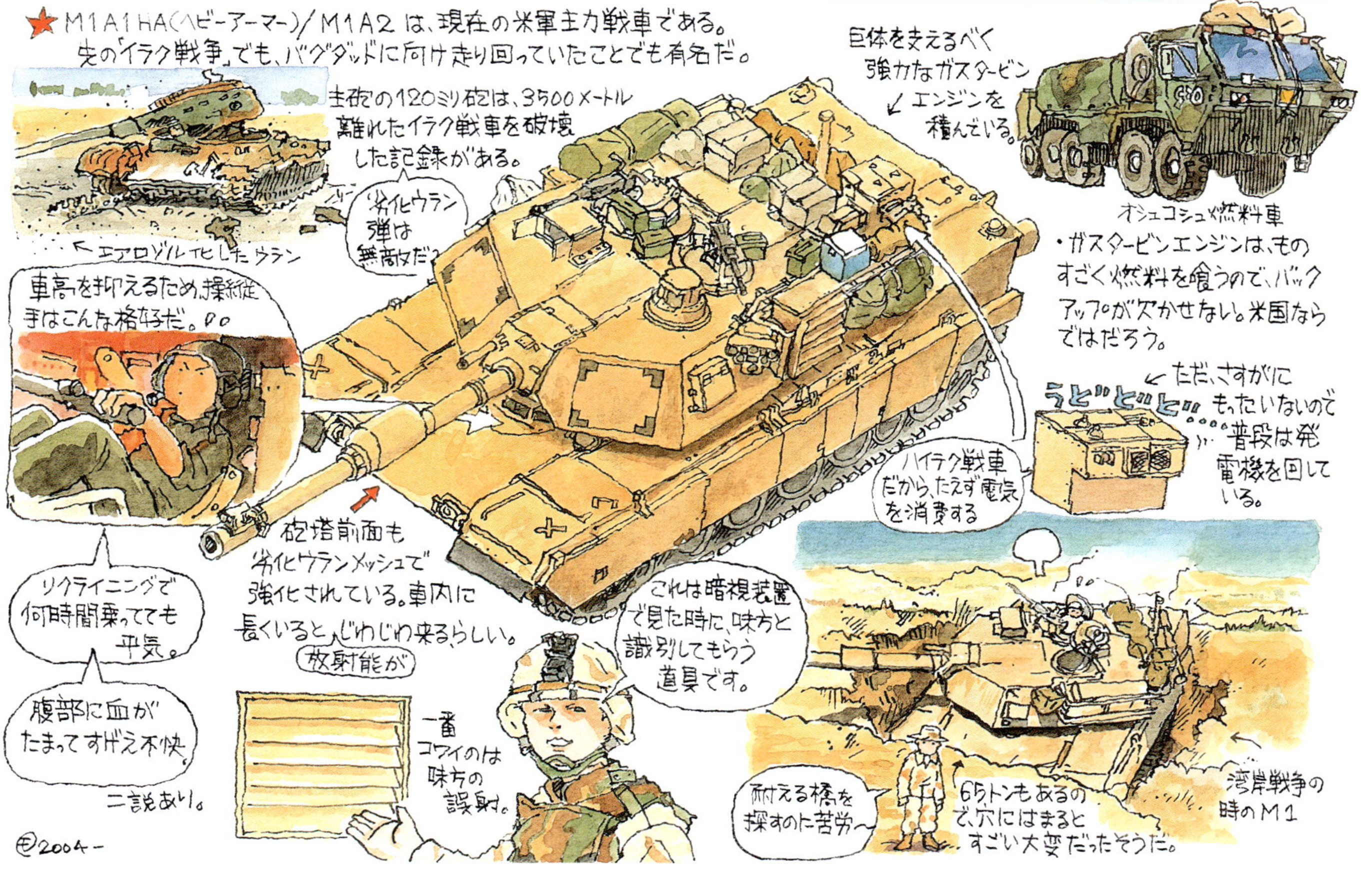

★M1A1HA(ヘビーアーマー)/M1A2は、現在の米軍主力戦車である。
先の「イラク戦争」でも、バグダッドに向け走り回っていたことでも有名だ。
主砲の120ミリ砲は、3500メートル離れたイラク戦車を破壊した記録がある。
劣化ウラン弾は無敵だ?
←エアロゾル化したウラン
車高を抑えるため、操縦手はこんな格好だ。
リクライニングで何時間乗ってても平気。
腹部に血がたまってすげえ不快。
二説あり。
砲塔前面も劣化ウランメッシュで強化されている。車内に長くいると、じわじわ来るらしい。
放射能が
一番コワイのは味方の誤射。
これは暗視装置で見た時に、味方と識別してもらう道具です。
巨体を支えるべく強力なガスタービンエンジンを積んでいる。
オシュコシュ燃料車
・ガスタービンエンジンは、ものすごく燃料を食うので、バックアップが欠かせない。米国ならではだろう。
ハイテク戦車だから、たえず電気を消費する
←ただ、さすがにもったいないので普段は発電機を回している。
うどどどど……
耐える橋を探すのに苦労〜
65トンもあるので、穴にはまるとすごい大変だったそうだ。
湾岸戦争の時のM1
㊞2004-

M1エイブラムス （アメリカ）

■ 99：M1A2 エイブラムス・NATO迷彩
■100：M1A2 エイブラムス・アグレッサー
■101：M1A2 エイブラムス・デザート迷彩
■102：M1A1（プラス）エイブラムス・単色迷彩
■103：M1A1（プラス）エイブラムス・NATO迷彩
■104：M1A1（プラス）エイブラムス・デザート迷彩

SPECIFICATION

重量：63t（A2）、57t（A1プラス）
全長：9,830㎜
全幅：3,658㎜
全高：2,885㎜
装甲／複合装甲
兵装：120㎜滑腔砲×1門
　　　機関銃×3挺
速度：67.59㎞/h
乗員：4名

ジェットエンジンで動く最強の“重戦車”

湾岸戦争におけるアメリカの現用主力戦車M1A1エイブラムスは内外にその威力と信頼性を見せつけ、実戦場で証明された「世界最強の無敵戦車」の地位を確立した。

それまでのM60戦車の後継として1980年に登場した［M1］は車両用として画期的なガスタービン（ターボシャフト）エンジンを採用することで1,500馬力の出力を実現、戦車の防御思想を根本から覆す革命的な複合装甲に覆われていた。ただし、ソ連軍の125㎜砲や（西）ドイツの120㎜砲の実用化が知られていたにもかかわらず、M1はM60やレオパルト1など、一世代前の標準となっていたイギリスのL7系105㎜砲を搭載した54トン級の戦車として制式化された。当時はソ連軍によるヨーロッパ電撃侵攻の可能性が真剣に危惧される冷戦のまっただ中にあり、一刻も早く新型戦車を量産しヨーロッパに送り込むのが至上命題とされたのである。ソ連（当時）のT-64やT-72は、1991年の湾岸戦争でM1A1に撃破されて評判を落とすまでは対抗困難な戦車と見積もられ、配備数が多いこともあって非常に恐れられていたのだ。

1985年、小改良版の［IPM1］を経て、M1は主砲をレオパルト2と同じラインメタル44口径長120㎜滑腔砲《かっこうほう》を改修して国産化したものに換装、装甲の強化や与圧式NBC（核、生物、化学兵器）防護システムの装備などの改良を受ける。これが［M1A1］で、戦闘重量は59トンに増加した。これによって「戦後第三世代」戦車の3要素を満たしたのだが、湾岸戦争の地上戦開始を前に、さらなる改良が施される。

［M1A1（HA）］、「重装甲型」と呼ばれるそれは砲塔と車体の前面に配置された複合装甲の一部に劣化ウラン材（DU）を採用したのだ。比重の大きい劣化ウランは装甲材としても強靱で、総重量は62トンに増えたものの、初期のM1に比べて2倍の防御力を獲得したと言われている。そのデータを均質圧延鋼板の厚みに換算すると、砲塔前面はAPFSDS弾が相手なら約60㎝、HEAT弾に対しては約1.3mの厚さに相当するという（車体前面はこの9割ほど）。

熱線映像装置などで夜間戦闘能力を獲得し優位に立ったM1A1を熟成させたのが［M1A2］。これは車長用の大型パノラマサイトや車両間の情報リンク、自己位置測定装置や航法装置を搭載した近代化改修型である。戦車大隊の単位で互いに情報を交換、モニター上に表示しながら戦えるという。真のデジタル戦車と言えるだろう。

さらに、高価なM1A2を補完し、協同作戦に当たれるよう簡略的なデジタル能力を付加された［M1A1D（デジタル）］、そしてM1A2のシステム能力拡張型の［M1A2 SEP］も現われている。外観（ハード）の変化よりも電子化（ソフト）の進歩のほうが早いというのも、M1戦車を大きく特徴づけている点だと言えるだろう。

（解説／浪江俊明）

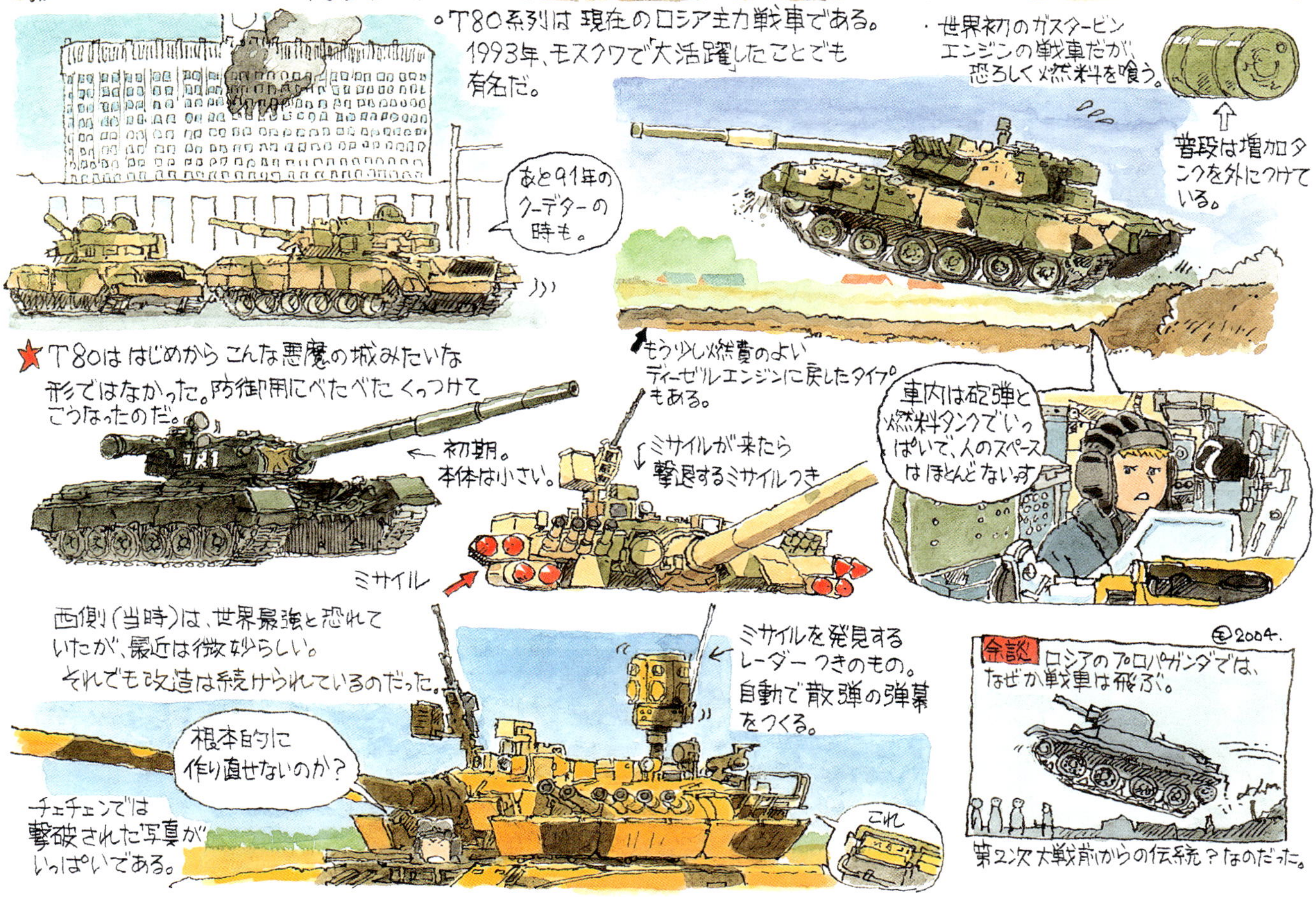

○T80系列は現在のロシア主力戦車である。
1993年、モスクワで「大活躍」したことでも有名だ。
あと91年のクーデターの時も。
・世界初のガスタービンエンジンの戦車だが、恐ろしく燃料を喰う。
普段は増加タンクを外につけている。
もう少し燃費のよいディーゼルエンジンに戻したタイプもある。
★T80ははじめからこんな悪魔の城みたいな形ではなかった。防御用にべたべたくっつけてこうなったのだ。
初期。本体は小さい。
ミサイルが来たら撃退するミサイルつき
ミサイル
車内は砲弾と燃料タンクでいっぱいで、人のスペースはほとんどないっす
西側（当時）は、世界最強と恐れていたが、最近は微妙らしい。
それでも改造は続けられているのだった。
ミサイルを発見するレーダーつきのもの。
自動で散弾の弾幕をつくる。
根本的に作り直せないのか？
チェチェンでは撃破された写真がいっぱいである。
これ
Ⓜ2004.
余談 ロシアのプロパガンダでは、なぜか戦車は飛ぶ。
第2次大戦前からの伝統？なのだった。

T-80U (ロシア)

■105：T-80U・ロシア軍3色迷彩
■106：T-80U・単色迷彩
■107：T-80U・デザート迷彩

SPECIFICATION

重量：46t
全長：9,660㎜
全幅：3,603㎜
全高：2,219㎜
装甲：複合装甲
武装：125㎜滑腔砲×1
機関銃×2
レフレクス対戦車誘導ミサイル・システム
速度：70㎞/h
乗員：3名

戦車王国ロシアの意地で連綿と開発が続く

旧ソ連における第三世代戦車の嚆矢として、戦車部隊の中核とするのを意図しながら実用化に失敗したT-64戦車。それを受けて想定外にも主力戦車とせざるを得なかったT-72。この両者を合わせて刷新するために1976年に制式化されたのがT-80戦車である。

T-80はT-64を開発のベースとしながらも、それを更新する新しい時代の主力戦車として、仮想敵にひけを取らない充分な攻撃力と機動力をあわせ持ち、高い信頼性を確保することが目標とされた。なかでも軽量小型かつ高出力の機関としてM1戦車に先駆けて採用されたガスタービンエンジンの実用化に最大の比重が置かれていた。

ソ連軍主力戦車の流れでは、T-55は量産型の主力戦車（MBT）、T-62はそれを基にした改良暫定型だった。T-72も結果的にMBTの位置を占めたにせよ、本来は複雑高価なT-64の開発失敗を見越してほぼ同時進行された簡略版であり、衛星国向けなどの輸出仕様も念頭に置いた補助的な戦車に位置づけられていた。T-80こそが「質より量」では対抗不能になりつつあった高性能な西側戦車を凌駕するための切り札となることを期待されたのである。

シリーズはT-80に始まり、T-80B、U、UD、U（M）など、次々と改良型が作られた。全体は一見して在来型の構成を持つが、車体や砲塔には鋼とセラミックを積層した複合装甲を採用したのをはじめ、乗員を取り巻くように配置された燃料タンクなどを含めて核爆発の中性子線を防御する工夫すらなされている。Bから弁当箱状の爆発反応装甲ブロック［コンタクト］、Uでは新型の［コンタクト-5］が装着され、おもに成形炸薬弾に対する防御力を高めている。

主砲の125㎜滑腔砲は自動装填装置を備え、Bからは対戦車ミサイル［コブラ］、Uでは射程5㎞におよぶ新型の［レフレクス］を発射することもでき、遠距離射撃での優位を狙っている。エンジンは当初1,000馬力とパワー不足で、おまけに当初目標とされた信頼性を確立できなかった。このため改良型に載せ換えたり（Bが1,100馬力、Uが1,250馬力）、燃費の悪さ（航続距離の短さ）からディーゼルに戻したり（UD、1,000馬力）と曲折が見られる。ただし、戦闘重量は42～46tなので、路上70㎞/hの最高速度とソ連戦車の伝統である良好な路外機動力は確保されている。T-80は射撃統制装置なども相応に高度なものを搭載している。とくに1992年以降の生産車であるT-80U（M）では湾岸戦争での戦訓から熱線暗視装置や統合射撃統制装置が導入されている。

結局、高度化して高コストとなったT-80は多数を揃えることが不可能となり、T-72の改良型で補完しつつソ連崩壊後のロシア軍の主力を構成することになった。現在も湾岸戦争でのイメージダウンを覆して輸出を促進するため、さまざまな警戒装置や防御システムなどを備えた改良型が開発、提案されている。（解説／浪江俊明）

★レオパルト２主力戦車は、1978年のデビュー以来、生産のたびアップトゥーデートを続け、「ブランド」に恥じない実力を保ちつづけている。
。砲塔がデカいので、横に向けないとエンジンが見られない。増加装甲も可動式になっている。
そうしないとエンジンが点検できない
・車体の設計にはポルシェ社も参加している。
ポルシェ911
1100
115°
85°
120°
イスの角度がほとんど同じ。
1045
115°
80°
120°
レオパルト2
911
公道をよく走るのでサイドミラー標準装備。
増加装甲の「ひしがたな出っぱり」は、敵弾を丈夫なところに集める働きがあるらしい。
将来、もっといい材質があったらとりかえられるようにボルトどめ。
このほうがかっこいいでしょ？
こんなので操縦訓練をする。ものすごい数のミラーに、教習車を感じるなあ…
ダミー
どどど
主砲の120ミリ砲は異常に強力で、改良して伸ばしたら2km先の65センチ装甲を抜けるようになったとか…
輸出しないといけないし。
いつ使うんだろうか？
65cm
2004.

レオパルト2 （ドイツ）

■108：レオパルド2 A6・冬季迷彩
■109：レオパルド2 A6・NATO迷彩
■110：レオパルド2 A4・NATO迷彩
■111：レオパルド2 A4・単色迷彩
■112：Strv.122・スウェーデン軍3色迷彩
■113：Strv.122・冬季迷彩

SPECIFICATION

重量：60.2t（A6）、55t（A4）、62t（Strv.122）
全長：11,270㎜（A6）、9,670㎜（A4）、9,970㎜（Strv.122）
全幅：3,740㎜（A6）、3,740㎜（A4）、3,740㎜（Strv.122）
全高：2,640㎜（A6）、2,480㎜（A4）、2,640㎜（Strv.122）
装甲：複合装甲
兵装：55口径120㎜滑腔砲×1（A6）
44口径120㎜滑腔砲×1（A4、Strv.122）
機関銃×2
速度：72㎞/h
乗員：4名

実戦経験なしでも最強と評価される実力派

第二次大戦後の第三世代戦車の先陣として早い時期に登場したにも係わらず、次々と改良が加えられたドイツのレオパルト2は、現在でもアメリカのM1戦車と並んで世界最高の戦車と見なされている。M1と違って実戦での使用例がないのを差しおいて、オランダ、スイス、スウェーデン、スペイン、デンマーク、フィンランド、ギリシャ、オーストリア、ポーランドで各タイプが採用され、ヨーロッパの標準戦車と言えるほどになっているのである。

レオパルト2はソ連軍が配備を始めたT-62に対抗するために、西ドイツとアメリカが協同で'70年代の主力戦車を開発しようと試みた［Kpz.70／MBT70］計画が頓挫した後、ドイツがレオパルト（1）の発展型として独自に開発した。制式採用されたのは1978年である。その特徴は世界に先駆けて120㎜滑腔砲、1,500馬力級エンジン、複合装甲を備えた第三世代戦車の基準を確立した点にある。レオパルト2は攻撃力、防御力、機動力が高次元でバランスした戦車として定評があり、周囲に与えた影響も大きかった。ことに120㎜砲はM1A1をはじめ、日本の90式、韓国のK1A1などが採用、同じ砲弾が使えるルクレールやメルカバなどを含めると、西側戦車砲の基準となった。また、第四次中東戦争でアラブ軍が大量に使った対戦車ミサイルによってイスラエル戦車が多数撃破された戦訓から、急遽複合装甲が導入され、砲塔の四周が切り立った特徴的なデザインを形作っている。

熱線映像装置やデジタル通信機の導入など、生産バッチごとに細かな改良がなされたものの、A1からA4までのサブタイプに一目で分かる基本的な外形変化は見られない。しかし登場から20年を経て陳腐化が目立つようになると、攻撃力重視の［KWS Ⅰ］および防御力向上の［KWS Ⅱ］という、2段階の大きな改修計画が実行された。砲塔前半部に楔形の大きな増加装甲を装着するのをメインとした後者は1995年に最初の改修車が引き渡されたレオパルト2A5、砲身の長さがそれまでの44口径長（砲身の内径の44倍）から55口径長へと1.3mも長くなった120㎜砲を積む前者はA6として実現する。はじめから車長用の全周旋回式ペリスコープを持つレオ2は先進的だったが、A5では赤外線暗視装置を組み込んだ大型のものに換装され、GPS併用の航法装置など情報機器が一新された。車両間データリンクこそ欠くものの、レオ2は再び世界第一級の戦車としてリニューアルされたのだ。

スウェーデンがStrv.122（122型戦車）として採用したのはA5を基本に改良を加えたタイプで、車体と砲塔の上面にも増加装甲を施し、大隊単位までで運用できる車両間データリンクを含む指揮統制システムが搭載されている。ドイツ軍のものを凌ぐ最強バージョンが“レオパルト2S”ことStrv.122なのである。（解説／浪江俊明）

MERKAVA Mk.III (Baz)

★メルカバはイスラエルが誇る、純国産
主力戦車である。「メルカバ」というのは古代戦車
を意味するヘブライ語である。
・MkⅢは、最近PLOの議会をとりかこんだ戦車(のはず)。
°イスラエルの戦車は
実戦により進化しつづけて
いる。増加装甲により
もとの形がわからなくなって
しまった
細かいことは
全部 機密です
まわり全部
敵だっ
°特徴的なのがフロントエンジン
フロントドライブ。前から攻撃され
ても後部の乗員は助かる。
脱出ハッチは後ろにある。
車内に怪我人を乗せる
こともできる。
イスラエルの戦車学校の
教官は、女性が多いこと
若い で有名です
↑
120mm砲。
米軍のM1と同じ
なので、有事の際は
アメリカの空輸をあてにできる。
イロが
少ない
から
かな…
若い男に
いっぱい戦車兵に
なってもらわないと♥
天井に
追撃砲が
ある。
めずらしい
わらわら
集まってくる敵を
一掃するため
じゃんか
ところでこのメル
カバMkⅢであるが
全然対戦車戦闘
に使っていない…
戦車兵ってのは
マトになる運の悪い
やつら…
こう思われて
いるらしい。
バリ
バリ
㋮2004.

メルカバ Mk.Ⅲバズ （イスラエル）

■114：メルカバ Mk.Ⅲバズ・デザート迷彩
■115：メルカバ Mk.Ⅲバズ・ライトグリーン迷彩
■116：メルカバ Mk.Ⅲバズ・ダークグリーン迷彩

SPECIFICATION

重量：65t
全長：9,040㎜
全幅：3,720㎜
全高：2,660㎜
装甲：複合装甲
兵装：44口径120㎜滑腔砲×1
　　　機関銃×3
　　　60㎜軽迫撃砲×1
速度：60㎞/h
乗員：4名

実戦経験に裏打ちされた最強の対歩兵戦車

戦闘車両を定義づける三要素として「攻撃力」「機動力」「防御力」がある。攻撃力が貧弱ならば装甲車、防御力が弱いのは自走砲となり、これを兼ね備えるのが戦車となる。戦車でも限られた条件のなかでどれを重視するかによって微妙な特性が決まるのだが、とにかく乗員に対する防護力を高めることに最大の重点を置いて設計開発されたのがイスラエル国防軍のメルカバ戦車である。

防御力を増せばいやでも増加しがちな車両総重量は、1970年代の終わりに姿を現わした最初のメルカバMk.1ですら60トンを越えていた。これはもちろん世界の主力戦車のなかでも最重量級だった。しかし、なにより世界が驚いたのは全体のレイアウトだった。一般的な戦車では後部に位置するエンジンや変速操向器を乗員の盾として利用するため車体前部に配置し、砲塔の側面を二重装甲にしてそのあいだを収納スペースにあて、弱点として狙われやすい砲塔後部にチェーンと錘によるカーテンを下げるなど、とくにRPG（歩兵携行対戦車ロケット砲）や対戦車ミサイルなどの成形炸薬（HEAT）弾頭に対する抵抗力を高めている。また、ふだんは予備の弾薬や飲料水を積んで補給の回数を減らし、また必要となれば故障車や破損車両の人員を乗せることもできる余裕を車体後部に設けるなど、特異なスタイルのすべてが乗員を守るという思想で貫かれているのだ。実際の大規模戦車戦で得た教訓を生かした独自の設計は各国の戦車設計に大きな影響を与えている。

WTMのメルカバは1990年にホイールベース（車軸の間隔）の拡大を含むフルモデルチェンジを行なったMk.3BのFCS（射撃統制装置）として新型のナイトMk.Ⅲ（通称Baz）を搭載するなどした［Mk.3B Baz］をモデル化している。“Baz”は熱線映像装置や2軸安定式の照準器、自動目標追尾装置などを内蔵した高度なもので、走行間（自車も目標も移動中）射撃においても高い初弾命中率を発揮するという。Mk.3の新機軸としては単純な箱形の基本車体や砲塔の外側に複合装甲のパッケージをボルト留めする《モジュラー装甲》システムもあげられる。これは補修が簡単で、新型装甲が開発された場合にも交換が容易という利点がある。おまけに砲塔側面にはその上さらに増加装甲を装着した。一方、主砲はMk.2までの105㎜砲からイスラエル国産の120㎜滑腔砲に換装されているので、これまた他国の一線級戦車に肩を並べている。重量は65tに達したが、それでもエンジン出力が1,200馬力にパワーアップされたので、機動力はチャレンジャーと同等ということになる。最新戦車どうしでAPFSDS弾を撃ち合う戦車戦は経験してはいないものの、世界で一番“打たれ強く”作られた戦車はその他の面でも一流の性能を持つとして間違いなさそうだ。そして詳細は不明ながら、さらに強力となったMk.4もその姿を現している。（解説／浪江俊明）

★AH-1Wは、アメリカ海兵隊の強化型コブラである。

ド
ドドド

↑最近ではモスクを攻撃して有名になりました。

・重火器をもたない揚陸部隊を支援するのが仕事である。

拠点をつぶし戦車がきたら攻撃して
対空攻撃もできるように、とかどんどん発展させていった
なんでもやる。
おー

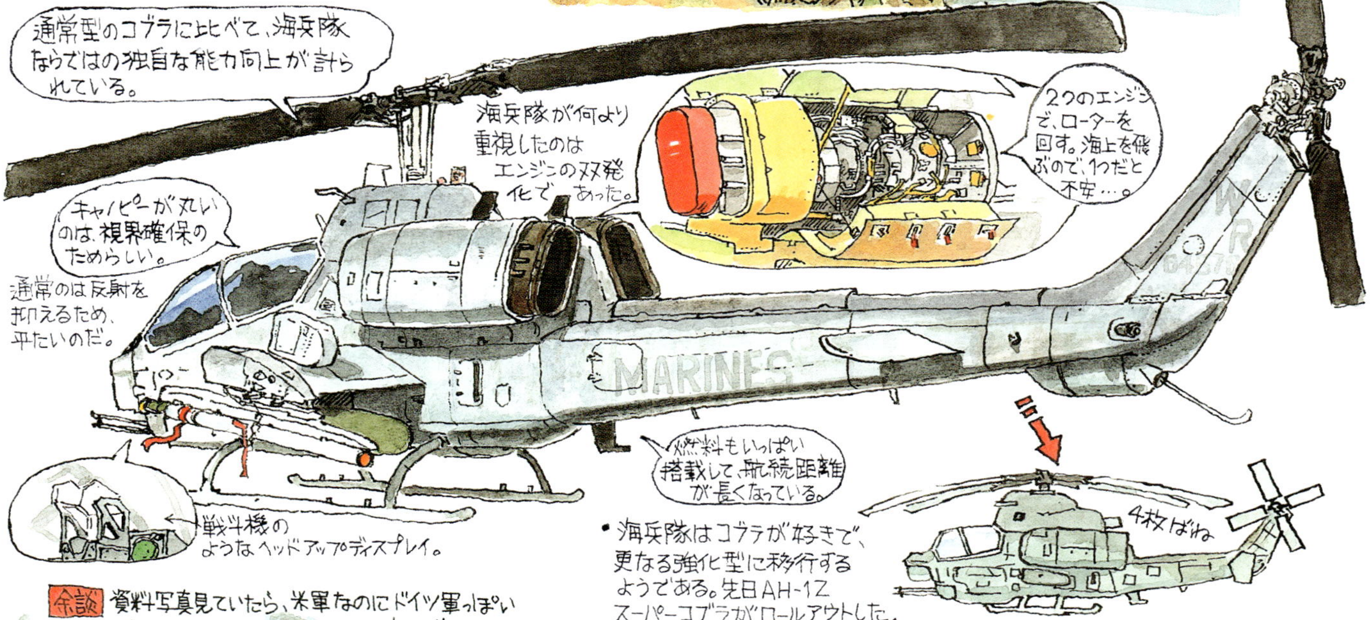
通常型のコブラに比べて、海兵隊ならではの独自な能力向上が計られている。
海兵隊が何より重視したのはエンジンの双発化であった。
2つのエンジンで、ローターを回す。海上を飛ぶので、1つだと不安…。
キャノピーが丸いのは、視界確保のためらしい。
通常のは反射を抑えるため、平たいのだ。
MARINES
燃料もいっぱい搭載して、航続距離が長くなっている。
戦斗機のようなヘッドアップディスプレイ。
4枚ばね

・海兵隊はコブラが好きで、更なる強化型に移行するようである。先日AH-1Zスーパーコブラがロールアウトした。

余談 資料写真見ていたら、米軍なのにドイツ軍っぽいマークが！……

部隊マークでした。
部隊のホームページもあるよ
MARINES
Ⓒ2004

戦斗ヘリ業界的には、旧ソ連のミルMi-24/25/35ハインドが主流だそうだ。
ゲヴォヴォヴォヴォ
次がアパッチ

追記）ハインドのエンジン音は、高く「ヒュイ――」という感じらしいです。情報感謝。

AH-1W スーパーコブラ 海兵隊仕様（アメリカ）

■117：AH-1W スーパーコブラ・海兵隊仕様

SPECIFICATION

全長：17,680㎜（胴体：13,8700㎜）
全幅：3,280㎜
全高：4,110㎜
最大速度：350㎞/h
航続距離：587㎞
乗員：2名
兵装：20㎜機関砲×1
対戦車誘導弾TOW×4
ヘルファイアミサイル×8
（AIM-9Lサイドワインダーミサイル×1）

独自の発展を遂げた海兵隊のスーパーヘリ

AH-1W［スーパーコブラ］はアメリカ海兵隊の軽攻撃ヘリコプター飛行隊に配備され、揚陸部隊の護衛、火力支援、上空掩護、地上攻撃など幅広い任務を担当している。その特性から多くの重火器を持てない海兵隊にとって頼りになる存在である。

スーパーコブラの源流をたどると、総計1万機以上が生産された中型汎用ヘリの傑作、UH-1［イロコイ］一族にたどり着く。イロコイ（ヒューイ）はベトナム戦争で兵員の空中機動（ヘリボーン）戦術を確立し有効性を実証した。ところが掩護機は話が別だった。当初はUH-1に火器を搭載した“武装ヘリ”が同行したが、飛行性能の低下が顕著で充分に任務を果たせない場合があったのだ。

こうして世界で初めて戦闘用に特化した“攻撃ヘリ”AH-1G［コブラ］が誕生し、1967年から生産に入った。コブラはイロコイのエンジンやローター（回転翼）を含めた駆動系が共通とされ、このためUH-1Fに続く派生型としてAH-1Gと命名された。コブラは戦訓により装甲板や武装の強化、地対空ミサイルへの対策、TOW対戦車ミサイルの運用能力の付与などが行なわれ、AH-1GからQへと進化する。そしてベトナム戦争が終結すると、今度は冷戦によってソ連軍の大機甲部隊の脅威が叫ばれ、本格的な対戦車ヘリとしてAH-1Sが登場する。AH-1Sは平面ガラスのキャノピーを持ち、3砲身の20㎜ガトリング砲を搭載するようになった。

一方、海兵隊では手始めに陸軍から貸与を受けたAH-1Gを運用、これに続いて洋上飛行の安全性を高めるためにエンジンをライカミングT53の単発からP&WカナダのT-400（2基のPT-6をギアで連結したツインパック）に換装したAH-1J［シーコブラ］を採用した。そのエンジンを強化型とし、機体長とローター径を大きくしたのがAH-1Tで、途中からTOWが運用できるようになった。

AH-1Tをさらに発展、強化した機体が現用の最新型AH-1Wである。エンジンをGEのT-700に換装、AH-1G/Qの2倍以上のパワーを得たことで、約240㎞/hから約350㎞/hへと最高速度が大きく向上した。兵装はTOWに加え、機首の射撃統制装置にレーザー照射ができる夜間照準システムが追加されたことでヘルファイア対戦車ミサイルが運用可能となった。ヘルファイアはTOWと違って発射後の誘導が不要で、僚機や地上からのレーザー照射でもロックオンできるという大きな特徴を備えている。加えて敵の攻撃ヘリに対抗するため、サイドワインダー空対空ミサイルも搭載可能だ。これらの電子装置の増設によって機首の下側は大きく膨らんだ。

2003年冬、AH-1Wはさらに進化した。ローターを4枚として機動性を高め、電子装置や照準システムを一新したAH-1Zの量産初号機が完成したのである。海兵隊では既存のAH-1Wの改修で180機を調達、2020年頃まで使用する予定だという。（解説／浪江俊明）

CHORNY ORIOL

冷戦時代、ソ連はナゾだった。
戦車業界においてはT34以来
たえず世界に影響を与えつづけていたのである。
ワルシャワ条約機構とかさ…
・80年代の新型ソ連戦車の想像図。
・小出しに発表される不鮮明な写真。
「タス通信」とか…
・米国防省「ソ連の軍事力」1983年度版でT80として明記された戦車。
のちにT-72の最終タイプT-72M1と分類…と
万事この調子だった
㊟ M1A1 戦車大図解（グリーンアロー出版社）
ソ連の戦車は世界最強と、いつも思われていたのである。おそるべしソ連軍！
敵は強いちが予算がとりやすいからなっ
M1A1
さて… 今回のシークレットアイテムはその名に恥じないナゾ戦車、ブラック・イーグルである。
（チョールヌイ・オリョール/黒鷲）
1997年の国際兵器エキビションでデビューした。
カバーをかけている。
T80の後継らしい…。
主砲が125ミリだとか140ミリだとか… '99年のデモンストレーションに出てきたときは、いきなり転輪が1つ増えていたりナゾである。
問題はロシア本国が、制式採用してくれないことだっ
…その後あまりウワサは聞かないそうです。
皮肉なことに、旧ソ連製対戦車火器は、世界で大人気(?)であったりする
オマケ
資料少なくて…何みて作りました？
ナゾ戦車の原型はどうやって作ったのか？
この辺りのですよ。
…ほとんど同じ資料でした。
←谷さん
㊦2004-

チョールヌイ・オリョール （ロシア）

■シークレットアイテム：チョールヌイ・オリョール・単色迷彩
チョールヌイ・オリョール・2色迷彩

SPECIFICATION

重量：48t
全長：10,000㎜
全幅：3,400㎜
全高：2,100㎜
装甲：複合装甲
兵装：51口径125㎜滑腔砲×1
機関銃×2
速度：72km/h
乗員：3名

メーカーが自主開発する謎の最新型戦車

チョールヌイ・オリョール（ブラックイーグル）はT-80Uをベースにしたロシアの新型戦車である。1997年にオムスクで開催された兵器見本市で発表され、'99年にはデモンストレーションを行なったものの、これ以後は情報が途絶えてしまった。外貨獲得のため積極的な売り込みを続けているロシアの兵器は、いまや世界一情報公開が進んでいる面もあるのだが、この“黒鷲”は時間を遡った冷戦時代を思わせる“謎の戦車”ぶりを発揮している。

オムスクはT-80Uを生産している戦車工場のひとつで、チョールヌイ・オリョールは軍の要求ではなく、オムスク側による独自開発だという。当初はT-80Uそのままの車体に新型砲塔を搭載していたのに'99年の再公開時には車体後部が延長され、転輪も一組増えて片側7輪となっていた。今後も変化するかもしれない。

新型の砲塔は爆発反応装甲と複合装甲を組み合わせたブロックを並べた《カクタス》と呼ばれる新形式の装甲システムを採用している。ブロック化はより強力な装甲が開発された場合にも容易に交換でき、なにより保守や損傷修理が簡単だという利点がある。対戦車ミサイルに対するより積極的な防御策としては、砲塔の側面に片側4発ずつ装着した迎撃ミサイル発射器とレーダーを組み合わせた［KAZTドローズド］（戦車積極防御システム—ツグミ）を搭載している。発煙弾発射器を一歩進めて、多数の金属スラグを詰めた弾頭を爆発させてミサイルを撃墜しようというものだ。さらに真後ろ以外の340度をカバーする本格的なレーダーを搭載し、砲塔周囲に円形に配置した散弾入りの箱を打ち出して爆発させ、戦車の直前4mほどの距離で誘導ミサイルを撃破する［KAZTアレナ］の搭載も検討されている（いずれも周囲に歩兵や軽車両がいたら巻き添えとなってしまう、たいへん荒っぽいシステムである）。

主砲はT-80と同じ125㎜砲が装備されており、リフレクス対戦車ミサイルを発射することができる。マウントは135㎜から152㎜の大口径砲が搭載できるように設計され、140㎜級の滑腔砲が実際に開発されているという。砲塔後部が大きく張り出しているのは、これまで砲塔下に配置されていた自動装填装置を見直し、西側戦車と同様のベルト式のものを収めたことによる。発射速度が格段に速くなり、被弾した場合の危険性も減少している。

エンジンはT-80Uが搭載するGTD-1250の改良型で、1400馬力に近い出力が得られているという。重量は50tを割ると伝えられているから、出力重量比のデータ（つまり機動性）は良好である。

熱線映像装置をはじめとする視察装置や射撃統制装置、車両間データリンクなど、今や不可欠な車両用電子装置（ヴィークル＋エレクトロニクス＝ヴェクトロニクス）はT-80のものを基本に、改良や追加搭載が行なわれると見られる。（解説／浪江俊明）

PANZERTALES

WORLD TANK MUSEUM

ワールド タンク ミュージアム

Series 07

■118:Pzkpfw. III Ausf.J (Late production) Winter camouflage
■119:Pzkpfw. III Ausf.J (Late production) 2-Colors Scheme (Dark yellow)
■120:Pzkpfw. III Ausf.J (Late production) 2-Colors Scheme (Dark gray)
■121:SPG "NASHORN" Winter camouflage
■122:SPG "NASHORN" Mono-color Scheme
■123:SPG "NASHORN" 2-Colors Scheme
■124:PANTHER Ausf.D Mono-color Scheme
■125:PANTHER Ausf.D 2-Colors Scheme
■126:PANTHER Ausf.D 3-Colors Scheme
■127:T-34/76 (Model 1942) Olive green
■128:T-34/76 (Model 1942) Dark green
■129:T-34/76 (Model 1942) 2-Colors Scheme
■130:SU-122 Olive green
■131:SU-122 Dark green
■132:SU-122 2-Colors Scheme
■133:TIGER I (Early Production) 3-Colors Scheme
■134:TIGER I (Early Production) Mono-color Scheme
■135:TIGER I (Early Production) 2-Colors Scheme
■136:Anti tank guns Mono-color Scheme:1
7.5cm Pak40 (German army) Darkgray
76.2mm Division cannon ZIS-3(Russian army) Dark green
6 Pound gun (British army) Darkgreen
■137:Anti tank guns Mono-color Scheme:2
7.5cm Pak40 (German army) Dark yellow
76.2mm Division cannon ZIS-3 (Russian army) Winter camouflage
6 Pound gun (British army) Desert Scheme
■138:Anti tank guns Multi-color Scheme
7.5cm Pak40 (German army) 3-Colors Scheme
76.2mm Division cannon ZIS-3 (Russian army) 2-Colors Scheme
6 Pound gun (British army) 2-Colors
■SECRET ITEM:TIGER I (Medium Production) Otto Carius

ワールド タンク ミュージアム・シリーズ07

■118：Ⅲ号戦車J型（後期型）・冬季迷彩
■119：Ⅲ号戦車J型（後期型）・2色迷彩（イエローベース）
■120：Ⅲ号戦車J型（後期型）・2色迷彩（グレーベース）
■121：ナースホルン対戦車自走砲・冬季迷彩
■122：ナースホルン対戦車自走砲・単色迷彩
■123：ナースホルン対戦車自走砲・2色迷彩
■124：パンター戦車D型・単色迷彩
■125：パンター戦車D型・2色迷彩
■126：パンター戦車D型・3色迷彩
■127：T-34/76戦車（1942年型）・単色迷彩（オリーブグリーン）
■128：T-34/76戦車（1942年型）・単色迷彩（ダークグリーン）
■129：T-34/76戦車（1942年型）・2色迷彩
■130：SU-122突撃砲・単色迷彩（オリーブグリーン）
■131：SU-122突撃砲・単色迷彩（ダークグリーン）
■132：SU-122突撃砲・2色迷彩
■133：ティーガー戦車Ⅰ型（初期型）・3色迷彩（SS第1戦車連隊／第13中隊1331号車）
■134：ティーガー戦車Ⅰ型（初期型）・単色迷彩（第503重戦車大隊／第3中隊332号車）
■135：ティーガー戦車Ⅰ型（初期型）・2色迷彩（SS第2戦車連隊／第8中隊S33号車）
■136：対戦車砲セット・単色迷彩：1
75㎜対戦車砲 Pak40（ドイツ）・ダークグレー
76.2㎜野砲 ZIS-3（ロシア）・ダークグリーン
6ポンド砲（イギリス）・ダークグリーン
■137：対戦車砲セット・単色迷彩：2
75㎜対戦車砲 Pak40（ドイツ）・ダークイエロー
76.2㎜野砲 ZIS-3（ロシア）・冬季迷彩
6ポンド砲（イギリス）・砂漠迷彩
■138：対戦車砲セット・多色迷彩
75㎜対戦車砲 Pak40（ドイツ）・3色迷彩
76.2㎜野砲 ZIS-3（ロシア）・2色迷彩
6ポンド砲（イギリス）・2色迷彩
■シークレットアイテム：ティーガー戦車Ⅰ型（中期型）
第502重戦車大隊／第2中隊217号車（オットー・カリウス）

■2005年3月発売（生産数120万個）
■造形企画制作／株式会社海洋堂
■原型制作／谷明
■販売者／株式会社タカラ
■BOXアート／小林源文
■土嚢型ガム（グレープ味）入り、250円
■販売数も安定期に入り「そろそろ撤退戦や！」という宮脇専務の指令により、テーマごとの展開に。ただ一気にベルリンまで下がるのではなく、じわじわ守りに入り、まずはクルスク戦から（笑）。

★III号戦車はドイツ軍の主力戦車として開発された。電撃戦の主役になるはずだった。
独ソ不可侵条約記念に、ソ連にプレゼント
よくできた玩具だよこれは。
もっと強力なの隠しているに違いない!
← なかった
・が、生産が進まず、活躍のタイミングをのがしてしまう。
・支援戦車として作られたIV号戦車は、大きかったので武装などの強化ができた
大きな兄弟
重戦車部隊に?
力差いすぎ。
生産が軌道にのるころは、いきなり旧式化してしまう。でも数があるので戦車部隊の数あわせに使われる。
・無線機標準装備。
3人砲塔は全く新しい発明だったのだ
・イスに座ったまま回転する。
装てん手は歩きまわるが。
★ソ連戦車相手には、全くの力不足の装甲と武装。戦術でなんとか張り合う。
操縦手はここから出入り。ハッチ開けると足が
側面の脱出ハッチは小さく、出入りは大変。
設計はダイムラーベンツ。ベンツです!
★とはいえ、クルスク戦のドイツ戦車の中では、各型合わせると一番多い。やはり主力戦車だったのである。
その後「III号7台分の手間で6台作れる」と言われたパンターに「主力」の座をゆずる
似てるよね
次期主力
生産ラインにわりこまして もらえない
J型長砲身
7.5cm砲短砲身
新兵器 火炎放射タイプ
指揮車
敗戦時の写真でも山のように接収されている。
'04

Ⅲ号J型中戦車 後期型（ドイツ・1942-45年）

■118：Ⅲ号戦車J型（後期型）・冬季迷彩
■119：Ⅲ号戦車J型（後期型）・2色迷彩（イエローベース）
■120：Ⅲ号戦車J型（後期型）・2色迷彩（グレーベース）

SPECIFICATION

重量：21.5t
全長：6,280㎜
全幅：2,950㎜
全高：2,500㎜
装甲厚：10〜50㎜
兵装：5cm砲×1門
　　　機関銃×2挺
速度：40km/h
乗員：5名
生産台数：1,067両

舞台に遅刻して脚光を浴び損ねた主役

Ⅲ号戦車は第二次大戦前にドイツ軍が考えていた主力戦車として開発された。空地一体の戦術［電撃戦］のなかで、後に続く自動車化歩兵の槍の穂先となって敵陣を突破し、逃げる敵を追撃し、必要があれば戦車を蹴散らす“機動戦車”である。装甲や武装は必要以上に欲張らないかわりに、高級なトーションバー・サスペンションを採用し、指揮に専念できる戦車長を乗せるなど、当時の先端技術やアイディアを盛り込んで運用に柔軟性を持たせた。直接の後継車はパンターであり、戦後はレオパルトに設計思想が引き継がれた。ただし開発に手間取るうちに“旬”の時期を逃し、余裕のなさから根本的な改良ができず、そのまま旧式化するしかなかった。
（解説／浪江俊明）

Ⅲ号戦車はA型からF型までは37㎜砲を搭載していたが、ロシア軍の戦車には歯が立たず、G型から42口径50㎜砲が搭載されたが、それでも威力は不十分で、J型の後期型からより砲身が長い60口径50㎜砲が装備された。

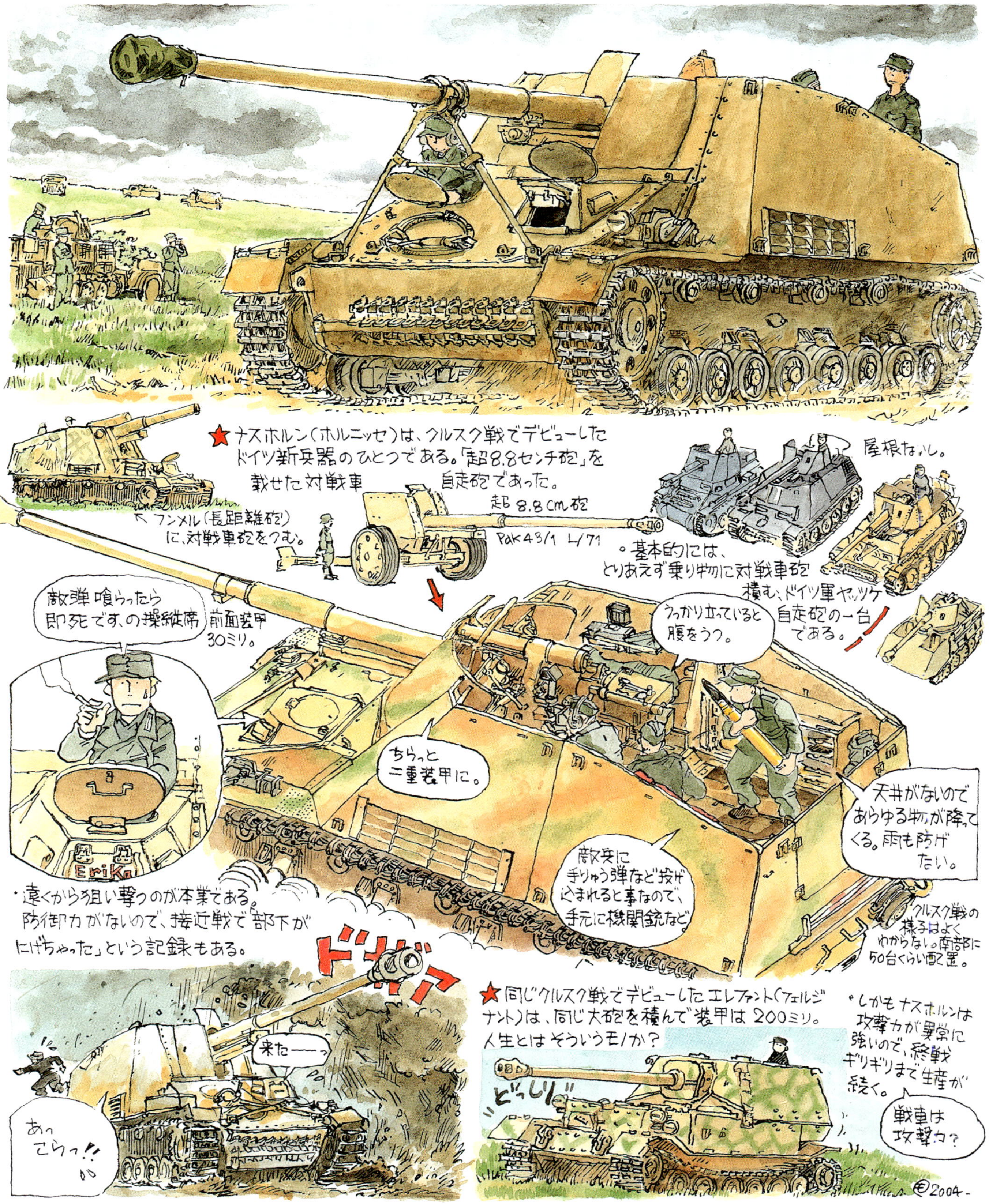
★ナスホルン(ホルニッセ)は、クルスク戦でデビューしたドイツ新兵器のひとつである。「超8.8センチ砲」を載せた対戦車自走砲であった。
↖フンメル(長距離砲)に、対戦車砲をつむ。
超8.8cm砲
Pak43/1 L/71
屋根なし。
。基本的には、とりあえず乗り物に対戦車砲積む、ドイツ軍ヤッツケ自走砲の一台である。
敵弾喰らったら即死です、の操縦席
前面装甲30ミリ。
うっかり立っていると腹をうつ。
ちらっと二重装甲に。
天井がないのであらゆる物が降ってくる。雨も防げない。
敵兵に手りゅう弾など投げ込まれると事なので、手元に機関銃など。
クルスク戦の様子はよくわからない。南部に50台くらい配置。
・遠くから狙い撃つのが本業である。防御力がないので、接近戦で「部下がにげちゃった」という記録もある。
来た――っ
あっこらっ!!
★同じクルスク戦でデビューしたエレファント(フェルジナント)は、同じ大砲を積んで装甲は200ミリ。人生とはそういうモノか?
どっしり
。しかもナスホルンは攻撃力が異常に強いので、終戦ギリギリまで生産が続く。
戦車は攻撃力?
Ⓔ2004.

ナースホルン対戦車自走砲 （ドイツ・1943-1945年）

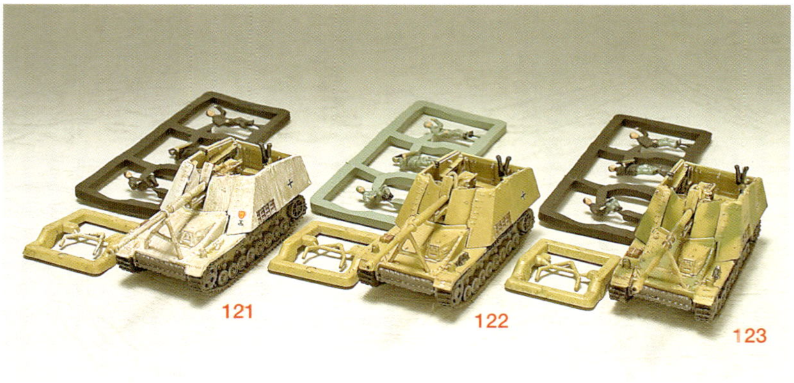

■121：ナースホルン対戦車自走砲・冬季迷彩
■122：ナースホルン対戦車自走砲・単色迷彩
■123：ナースホルン対戦車自走砲・2色迷彩

SPECIFICATION

重量：24t
全長：8,440㎜
全幅：2,950㎜
全高：2,940㎜
装甲厚：10～30㎜
兵装：8.8㎝対戦車砲×1門
　　　機関銃×1挺
速度：42㎞/h
乗員：5名
生産台数：494両

面の皮は薄いが攻撃力は天下一品

　第二次大戦を通して最強の対戦車砲はケーニッヒスティーガーやヤークトパンターの主砲にも転用された口径8.8㎝のPak43で、2㎞の距離から垂直規準で30度傾斜した厚さ約15㎝（500mなら約20㎝！）の装甲板を打ち抜く威力があった。これは事実上すべての連合軍戦車を破壊できるデータだが、砲身の長さは6m強あり、重量5トンにも達するため牽引式で運用するには無理があった。ナースホルン（ホルニッセ）はこれをⅢ／Ⅳ号戦車系の専用車体に搭載し、周囲に小火器の弾丸や砲弾の破片を防げるだけの薄い装甲板を備えた移動式の対戦車砲だ。やたらと破壊力はあるが戦車と格闘するのは不可能。本質的には待ち伏せ専門の防御兵器である。
（解説／浪江俊明）

ナースホルン（サイ）は、最初ホルニッセ（スズメ蜂）と呼ばれていた車両の転輪や砲固定具などの仕様が少し改修されたもの。それだけでわざわざ強そうな名前に改称したのは、88㎜砲の威力が絶大だったからだろう。

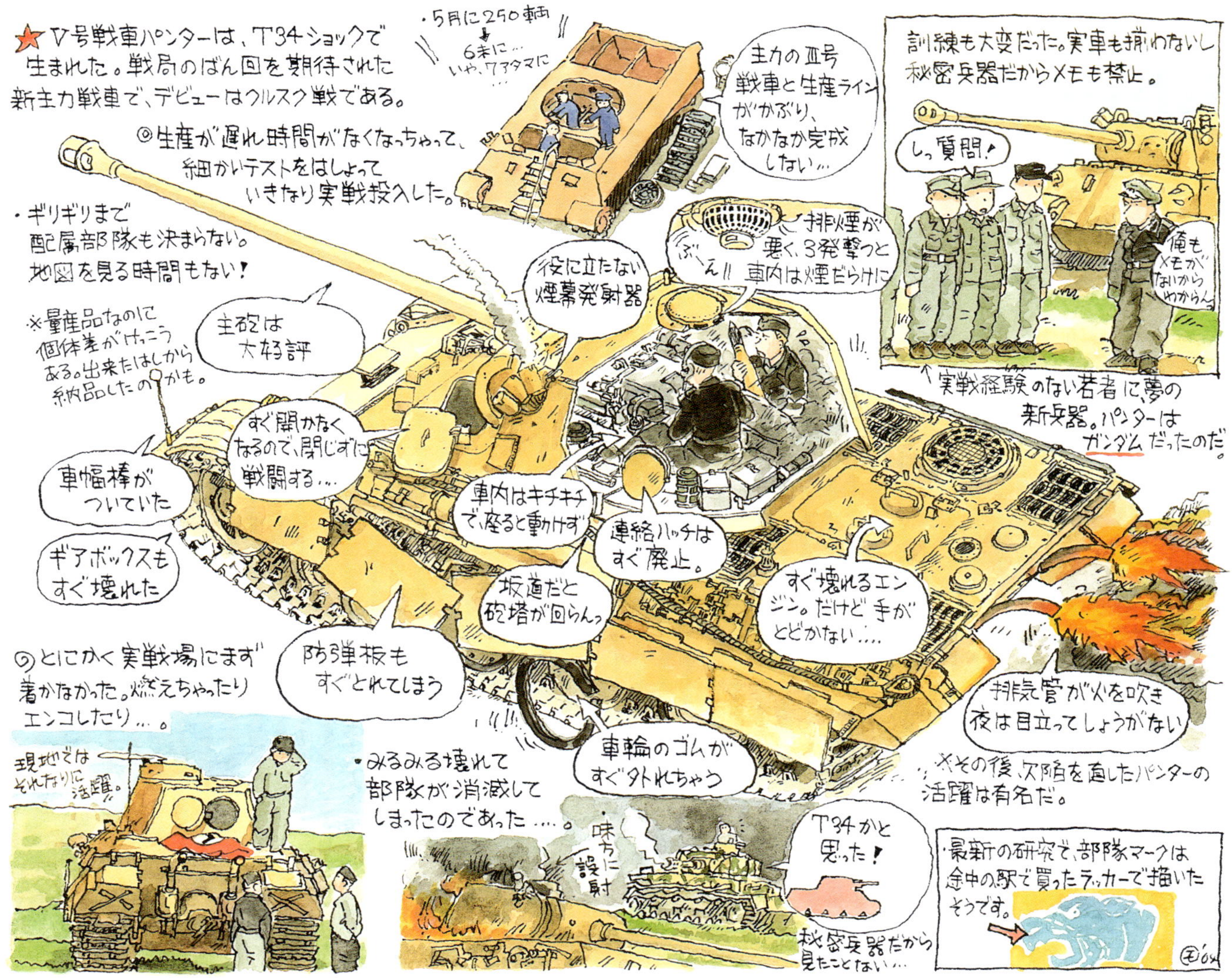
★Ⅴ号戦車パンターは、T34ショックで生まれた。戦局のばん回を期待された新主力戦車で、デビューはクルスク戦である。
・5月に250輌 ↓ 6末に… いや、7アタマに …
主力のⅢ号戦車と生産ラインがかぶり、なかなか完成しない…
◎生産が遅れ時間がなくなっちゃって、細かいテストをはしょっていきなり実戦投入した。
・ギリギリまで配属部隊も決まらない。地図を見る時間もない！
訓練も大変だった。実車も揃わないし秘密兵器だからメモも禁止。
しっ質問！
俺もメモがないからわからん
排煙が悪く、3発撃つと車内は煙だらけに
ぶーん!!
役に立たない煙幕発射器
※量産品なのに個体差がけっこうある。出来たはしから納品したのかも。
主砲は大好評
↑実戦経験のない若者に、夢の新兵器。パンターはガンダムだったのだ。
すぐ開かなくなるので、閉じずに戦闘する…
車幅棒がついていた
車内はキチキチで、座ると動けず
連絡ハッチはすぐ廃止。
ギアボックスもすぐ壊れた
坂道だと砲塔が回らんっ
すぐ壊れるエンジン。だけど手がとどかない….
防弾板もすぐとれてしまう
の とにかく実戦場にまず着かなかった。燃えちゃったりエンコしたり…。
排気管が火を吹き夜は目立ってしょうがない
車輪のゴムがすぐ外れちゃう
※その後、欠陥を直したパンターの活躍は有名だ。
現地ではそれなりに活躍。
・みるみる壊れて部隊が消滅してしまったのであった….。
味方に誤射
T34かと思った！
秘密兵器だから見たことない…
・最新の研究で、部隊マークは途中の駅で買ったラッカーで描いたそうです。
㊂'04

パンターD型中戦車 （ドイツ・1943-1945年）

■124：パンター戦車D型・単色迷彩
■125：パンター戦車D型・2色迷彩
■126：パンター戦車D型・3色迷彩

SPECIFICATION

重量：43ｔ
全長：8,860㎜
全幅：3,400㎜
全高：2,950㎜
装甲厚：16～100㎜
兵装：7.5㎝砲×1門
　　　機関銃×2挺
速度：46㎞/h
乗員：5名
生産台数：850両

初期不良を抱え込んだ新鋭主力戦車

パンターはソ連軍のT-34の出現に驚いたドイツ軍が、計画を前倒しして急遽開発された。当初はⅢ号戦車に続く軽快な機動戦車とされていたのが、T-34に対抗し圧倒するためと欲張るうち、総重量30トン級の予定が40トンを越えてしまう。あげくにクルスク戦に間に合わせるように急かされた結果、未完成の状態で戦場に送り出されることになるのだ。熟成されていればティーガーを上まわるほどの攻撃力と良好な機動力、強靱な装甲をあわせ持つ恐るべき新戦車となるはずだったが、容量不足の動力伝達系と足周りをはじめ、信頼性のなさを露呈してしまう。そしてこのイメージは、大戦後期にそれらが改善されたあとまでもつきまとうことになるのだ。
（解説／浪江俊明）

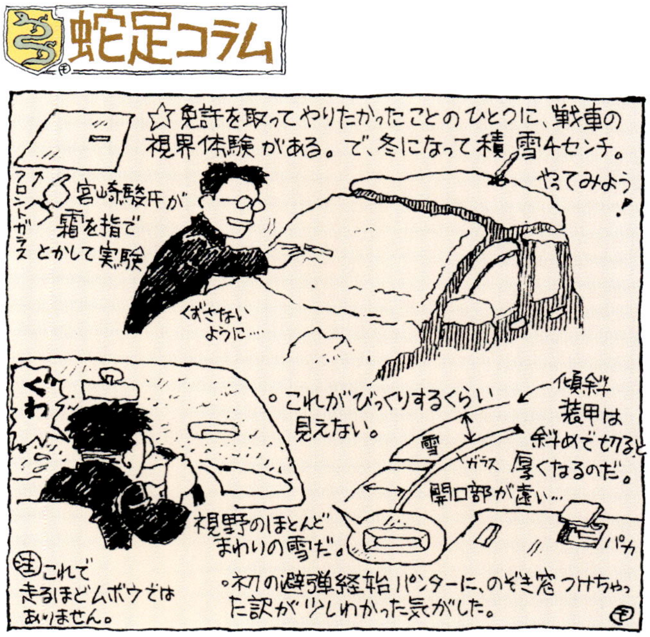

T-34/76 (Model 1942)

T-34/76中戦車　1942年型（ロシア・1942-1945年）

■127：T-34/76戦車（1942年型）・単色迷彩（オリーブグリーン）
■128：T-34/76戦車（1942年型）・単色迷彩（ダークグリーン）
■129：T-34/76戦車（1942年型）・2色迷彩

SPECIFICATION
重量：28t
全長：6,730mm
全幅：2,920mm
全高：2,438mm
装甲厚：14～45mm
兵装：76.2mm砲×1門
　　　機関銃×2挺
速度：49.8km/h
乗員：4名

それまでの常識を覆した革命的戦車

　戦車王国のドイツをしてティーガー戦車を頂点とするドイツ流の設計思想を捨てさせ、後に続くパンターに影響を与えまくった戦車がT-34である。小型の車体に強力な主砲と厚い装甲を備え、大直径の転輪と幅広い履帯による高い走破性、大きく傾斜させた装甲による良好な避弾経始《ひだんけいし》（敵弾を弾き逸らせやすい形状のこと）など、合理的な設計は現代のロシア戦車にも受け継がれている。ことに燃費が良く爆発炎上の危険性が低いディーゼルエンジンは日本と並んで世界に先駆けて実用化したもので、近年のT-72やT-90にまで直系の改良型が搭載されている。ただし有効な外部視察装置の不備、指揮に専念できる車長の欠落、劣悪な居住性など、欠点も多い。
（解説／浪江俊明）

★SU122は、ドイツ軍のIII号突撃砲の影響をうけつくられた。
1942年10月に開発が命じられ、年末には量産に入る。わずか2ヶ月！
こんなのすぐ作れ
1ヶ月で何とかしろ
ノルマ
シベリア
なにぶん初めてなので改良点は出てくる。初陣では砲を上下する装置が壊れた（!）。
本来は歩兵支援用。
乗員は5人。天井にある1つのハッチから全員が出入りする。緊急脱出は難しそうだ…。
↓同時に別の工場で作られたモノ。捕獲III号戦車をそのまま利用する。
いっぱい捕獲。
ここのフタを開けて照準する。銃砲も撃てる
例によって右は全く見えない
ハッチも3つになりました。
SU85
122mm野砲を装甲板で囲って載せた。
砲弾は分離式なので係員が多い
のそのあと作った対戦車自走砲はいきなり改良されている…
クルスク戦では、ズラーッと並べて待ちぶせ攻撃して、ちゃんと活躍している
・どうしても前に出るせいか破壊された写真が多い。発射速度が遅いので、対戦車戦斗は実は苦手。
★戦後はブルドーザーに改造されたりして、使い倒される。現存するのはモスクワ郊外に1台だけだそうです。
平和〜

SU-122突撃砲 （ロシア・1942-1945年）

■130：SU-122突撃砲・単色迷彩（オリーブグリーン）
■131：SU-122突撃砲・単色迷彩（ダークグリーン）
■132：SU-122突撃砲・2色迷彩

SPECIFICATION

重量：30.9t
全長：6.950㎜
全幅：3,000㎜
全高：2,320㎜
装甲厚：45mm
兵装：122㎜榴弾砲×1
速度：55㎞/h
乗員：5名
生産台数：637両

のちに対戦車用に特化する歩兵支援兵器

ドイツ軍の新鋭戦車をいきなり二流品としたT-34を作り出したソ連軍はしかし、ドイツが創造し陣地攻略や対戦車戦闘で大戦果をあげた“突撃砲”を生む発想はなかった。Ⅲ号突撃砲の成功を見たソ連軍は類似車両の開発を始め、密閉式の戦闘室を設けたT-34の車体に122㎜野砲を搭載したSU-122を完成した。T-34ゆずりの高い機動力と防御力、大口径野砲の威力は陣地攻撃に最適だったが、砲弾と発射薬が分離した野砲の連射速度は低く、より対戦車戦闘に向いたSU-85が開発されることになる。ちなみにクルスク戦でソ連軍はフェアディナント（のちに改修されてエレファント重駆逐戦車となる）の強さに衝撃を受け、今度はドイツ軍突撃砲のすべてをフェアディナントと呼ぶようになったという。
（解説／浪江俊明）

この車両の母体となったT-34戦車の［T］は、［Tank：戦車］の頭文字をとったものだが、SU-122の［SU］は、［Samokhodnaya Ustanopvka：自走砲架］の頭文字からとられている。

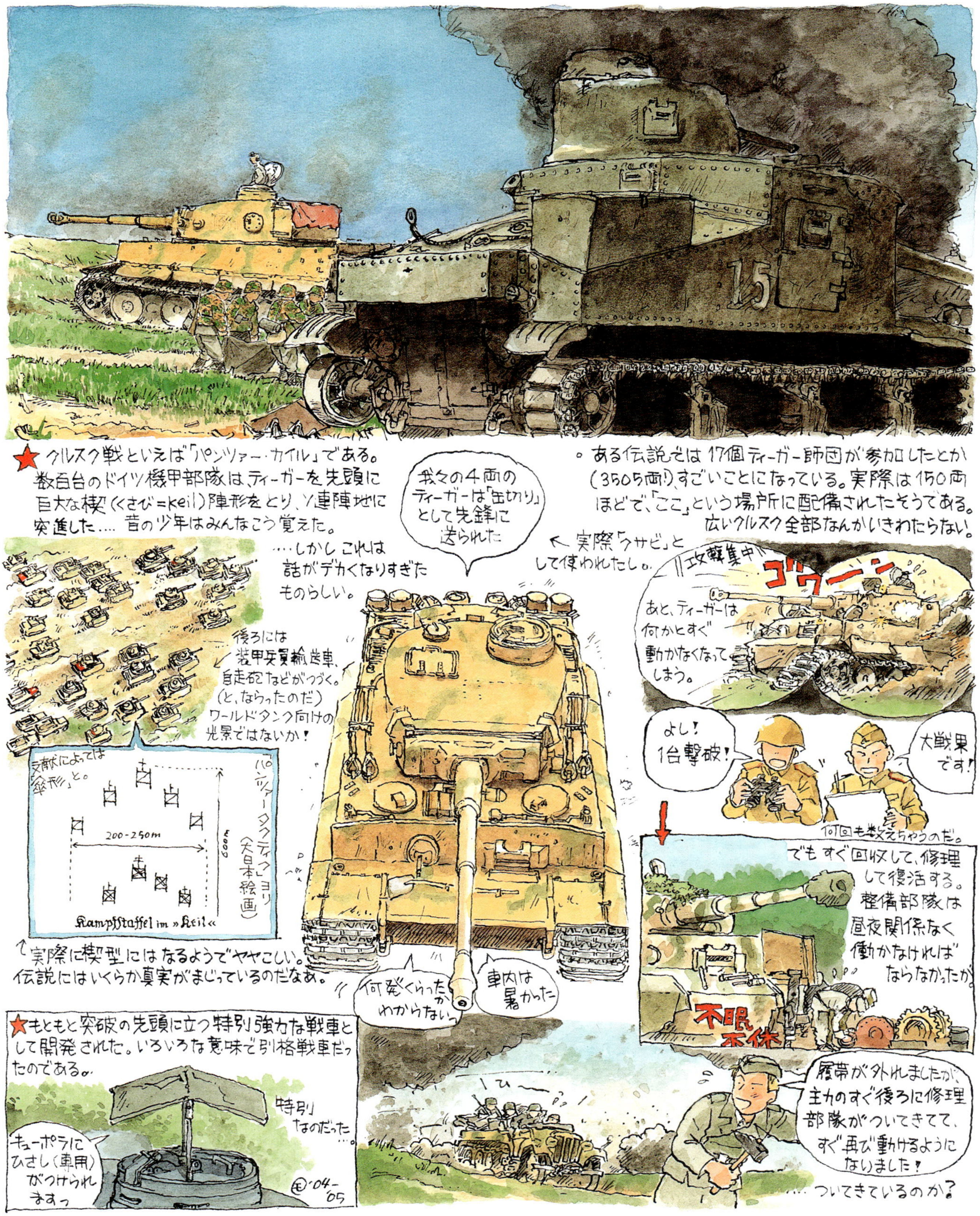
15
★クルスク戦といえば「パンツァー・カイル」である。数百台のドイツ機甲部隊は、ティーガーを先頭に巨大な楔(くさび=keil)陣形をとり、ソ連陣地に突進した…. 昔の少年はみんなこう覚えた。
我々の4両のティーガーは「缶切り」として先鋒に送られた
。ある伝説では17個ティーガー師団が参加したとか(3505両!)、すごいことになっている。実際は150両ほどで、「ここ」という場所に配備されたそうである。広いクルスク全部なんかいきわたらない。
…しかしこれは話がデカくなりすぎたものらしい。
↖実際「クサビ」として使われたし。
攻撃集中
ゴワーン
あと、ティーガーは何かとすぐ動かなくなってしまう。
後ろには装甲兵員輸送車、自走砲などがつづく。(と、ならったのだ)ワールドタンク向けの光景ではないか!
文献によっては「傘形」と。
200-250m
600m
パンツァータクティク(大日本絵画)ヨリ
Kampfstaffel im »Keil«
↑実際に楔型にはなるようでややこしい。伝説にはいくらか真実がまじっているのだなあ。
よし! 1台撃破!
大戦果です!
何回も数えちゃうのだ。
でもすぐ回収して、修理して復活する。整備部隊は昼夜関係なく働かなければならなかったが。
不眠
何発くらったかわからないっ
車内は暑かった
★もともと突破の先頭に立つ特別強力な戦車として開発された。いろいろな意味で別格戦車だったのである。
特別なのだった…。
キューポラにひさし(専用)がつけられますっ
ⓜ'04-05
履帯が外れましたが、主力のすぐ後ろに修理部隊がついてきてて、すぐ再び動けるようになりました!
…ついてきているのか?

ティーガーⅠ型重戦車 初期型（ドイツ・1942-1945年）

■133：ティーガー戦車Ⅰ型（初期型）・3色迷彩
SS第1戦車連隊／第13中隊1331号車
■134：ティーガー戦車Ⅰ型（初期型）・単色迷彩
第503重戦車大隊／第3中隊332号車
■135：ティーガー戦車Ⅰ型（初期型）・2色迷彩
SS第2戦車連隊／第8中隊S33号車

SPECIFICATION

重量：57t
全長：8,450㎜
全幅：3,780㎜
全高：2,930㎜
装甲厚：25～100㎜
兵装：8.8㎝砲×1門
機関銃×2挺
速度：38㎞/h
乗員：5名
生産台数：1,354両（初期型～後期型）

やはりこれは別格。特別製の戦車なのだ

伝説の対空砲“ハチハチ”を厚さ100㎜の装甲板でできた特別強固な車体に積み、あとから現われたパンターにすら採用されなかった一世代進んだ高度な操縦装置で走らせる。装甲板を傾ける“避弾経始”形状になんか頼らなくても敵弾に貫通されない厚い装甲板を使えばいいし、それで重くなって橋が渡れなくなれば密閉構造にして潜水させればいい。そんなドイツ独自の設計思想で作られた最後の、そして一番強力な戦車がティーガーである。特別な戦車だから一般師団なんかに渡したら扱いきれないから、高度に訓練されたプロ集団の重戦車大隊だけに配備し、専門の整備中隊を付け苦労してもらう。総生産数はたったの1,300余両。特別尽くしである。
（解説／浪江俊明）

クルスクの戦いにおけるSS第２戦車連隊のティーガーⅠ型。先頭車両の前面装甲板の向かって左には有名な［逆さ福］マークが描かれている。これはゾーレッツSS軍曹の［S33］号車で、WTM135番はこの車両が再現されている。

★クルスク戦においてソ連軍は深い防御陣地を作った。そこでドイツ戦車が最も手を焼いたのが76.2mm対戦車砲である。ドイツ軍は「ラッチュ・バム」と呼んだ。

初速が速く、ぶちあたってから発射音がきこえる。

Ratsch
ぐぎゃ〜っ
Bum

"「どがしゃーん」-「どん」みたいな感じかな？

← いわゆるそもそものラッチュ・バムは、もうひとつ前の型である。

(キットの)

大量に捕獲してドイツ軍も使用する。(ロシアンPAK)

76.2mm師団砲(野砲)Z1S-3

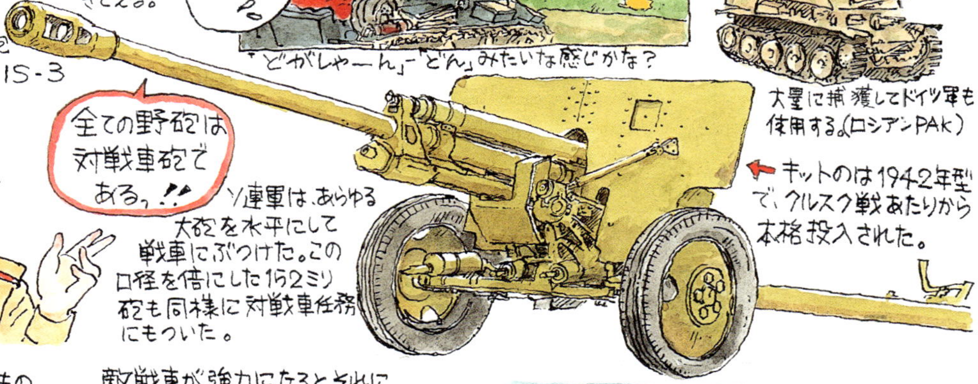

1kmあたり15門の76.2mm砲を配置すれば、十分40両のⅣ号戦車をくいとめられます
全ての野砲は対戦車砲である。!!

ソ連軍は、あらゆる大砲を水平にして戦車にぶつけた。この口径を倍にした152ミリ砲も同様に対戦車任務にもついた。

← キットのは1942年型で、クルスク戦あたりから本格投入された。

★もともと対戦車砲は軽量であるものだった。

敵戦車が強力になるとそれにあわせて巨大化していったのである。

即応

3.7cm PAK 戦闘重量 328kg.

5cm PAK 戦闘重量 986kg

↑補助輪つければ、まだ、何とか。

7.5cm PAK(1.5トン) もう、人力では運べない

鋼鉄製、

★キットは7.5cm Pak40 1942年より、量産が始まる。これも「T34ショック」で開発が急がれた兵器だ。

※Pakは対戦車砲の意味

ナスホルンなどが載せている8.8cm PAK。もうこうなると何だかわからない。

← こういう記録写真があるのだ。

…しかも更に巨大化する。12.8cmとか…

※記録写真を見ると、よく撃破された対戦車砲の車輪がなくなっている。地元の農民が持ってっちゃうらしいです。

ウチの畑を陣地にされちまった訳だし

工具もすぐなくなる。

荷車の車輪に使ったりするようだ。

㊪04-05

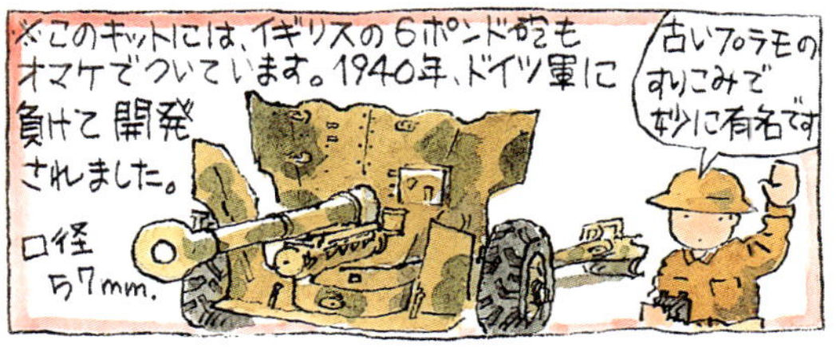
※このキットには、イギリスの6ポンド砲もオマケでついています。1940年、ドイツ軍に負けて開発されました。
口径 57mm.
古いプラモのすりこみで妙に有名です

対戦車砲 （ドイツ、ロシア、イギリス・1942-45年）

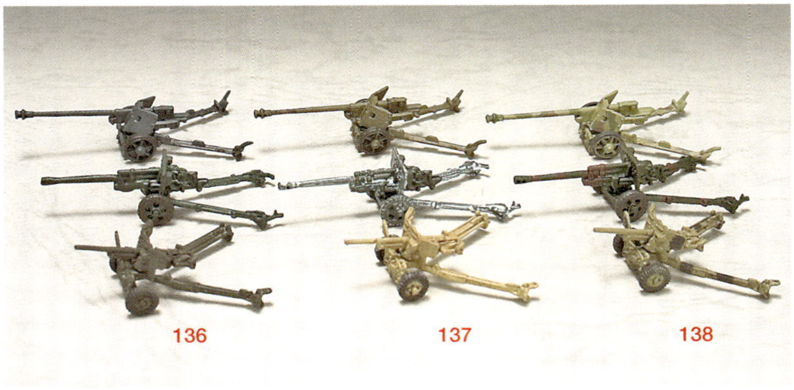

■136：対戦車砲セット・単色迷彩：1
／75㎜対戦車砲 Pak40（ドイツ）・ダークグレー
／76.2㎜野砲 ZIS-3（ロシア）・ダークグリーン
／6ポンド砲（イギリス）・ダークグリーン

■137：対戦車砲セット・単色迷彩：2
／75㎜対戦車砲 Pak40（ドイツ）・ダークイエロー
／76.2㎜野砲 ZIS-3（ロシア）・冬季迷彩
／6ポンド砲（イギリス）・砂漠迷彩

■138：対戦車砲セット・多色迷彩
／75㎜対戦車砲 Pak40（ドイツ）・3色迷彩
／76.2㎜野砲 ZIS-3（ロシア）・2色迷彩
／6ポンド砲（イギリス）・2色迷彩

SPECIFICATION

【75㎜対戦車砲 Pak40（ドイツ）】
重量：1,500kg
口径：75㎜
最大射程：10,000m

【76.2㎜野砲 ZIS-3（ロシア）】
重量：1,116kg
口径：76.2㎜
最大射程：13,290m

【6ポンド砲（イギリス）】
重量：1,144kg
口径：57㎜
最大射程：10,000m

戦車は対処可能だが対戦車砲は厄介だ

ティーガー戦車エースとして有名なオットー・カリウスも言う。低い場所に巧妙に配置され、樹木などで偽装を施された対戦車砲は、ハッチを閉め極端に限られた外部視界しかない戦車からは容易に発見できず、また仮に見つけても非常に攻撃が難しい敵だった。戦車のように高さがあれば目標までの距離を多少誤っても当たるが、シルエットが小さく低い戦車砲はピンポイントの照準が必要なのだ。ことにクルスク戦以降の戦場で一般的となった75㎜級の対戦車砲は500mから1kmの距離で100㎜前後の装甲貫通力を持つから、主力戦車を撃破できた。最初の1発を射撃して発砲炎を出し埃を巻き上げるまでは待ち受ける対戦車砲がかなり有利なのだ。
（解説／浪江俊明）

これはドイツ軍のPak40対戦車砲で、装甲車やハーフトラック、軽戦車などさまざまな車両に搭載されて無数の対戦車自走砲として流用された。写真の砲は、フィンランド軍に供与されソ連戦車と戦うPak40。

シークレットアイテム・カリウスの217号車
217
オットー・カリウス
1922年5月27日生まれ。
イラストは1944年「柏葉付騎士十字章」を受章したときの。
1944年夏、ソ連軍の大攻勢がはじまった。
ドイツ軍を南北に分断して、海に達しようとしている。後続の大部隊が来る前に先鋒部隊を撃破しなければならない。
リガ
デューナブルグ
マリナーファ村
フィンランド
バルト海
リガ
デューナブルグ
ドウア
黒海
1940年入隊時カリウス（18才）
←わずか4年でこの老けっぷり。おそるべし東部戦線
デューナブルグの北、マリナーファ村はソ連戦車でいっぱいだ。
カリウスの部隊はここに奇襲をかける。
一本道なので多数の戦車で行くと大混乱になる。2輌のティーガーで出撃。
のこりは南の丘で援護。
1944.7.22
マリナーファの戦い。
村はソ連軍に占領されてるっ
命からがら
いきなり攻撃しないで、ちゃんと下見をする。カリウスは、冷静でマジメな人だった。
必ず偵察用キューベルを持っていった。
偵察だっ
本当だってば
2輌のティーガーは全速力で村に突入して、イワンどもを奇襲する。一発の反撃も許すな
カリウスの偉いところは相棒を見つけたこと。
単独行動は決してしなかった。
ケルシャー
この戦いで、T34/85、新兵器スターリンII型らを17輌撃破。
ヴィットマンのヴィレル・ボカージュの戦いに並ぶ戦功だった。
有名な打ち合わせシーン（事後の再現）新聞記事になったのだ。
報道は具体的な内容はまるでなかったねえ…
その後重傷を負って回復してヤークトティーガー部隊に行ったりいろいろあって、戦後は薬剤師になって薬局を開業しているそうです。
参 ティーガー戦車隊（大日本絵画）
モデラーのための戦史（タミヤニュース・菊地晟）
1998年に吉祥寺怪人が会ったそうです。
ごつくてしっかりしてた、という話でした。
←薬局名ティーガー・アポテケ
APOTHEK
© 2009

オットー・カリウス（ドイツ・1922年-）

■シークレットアイテム：ティーガー戦車Ⅰ型（中期型）
第502重戦車大隊／第2中隊217号車
（オットー・カリウス）

SPECIFICATION

重量：57t
全長：8,450㎜
全幅：3,780㎜
全高：2,930㎜
装甲厚：25～100㎜
兵装：8.8㎝砲×1門
　　　機関銃×2挺
速度：38㎞/h
乗員：5名
生産台数：1,354両（初期型～後期型）

わずか数両ずつの単位で分散配備され歩兵の前面に立って戦ったティーガー

ミヒャエル・ヴィットマンと並ぶ有名なティーガーエースのオットー・カリウス中尉は敵戦車150両撃破確認の記録を持つ。1944年5月に騎士十字章を受け、7月にはドイツ軍で535番目の柏葉章受章者となっている。カリウスが'44年7月に重傷を負うまで所属した第502重戦車大隊は、1942年8月に創隊して初めてティーガーを受領して以来、1945年5月に解隊（ソ連軍に降伏）するまでにのべ105両のティーガーⅠを保有し、活動した全期間を通した戦果は1,400両以上の敵戦車と2,000門の火砲におよぶ。確認されている個人のスコアはベルター大尉の144両、カリウスの僚車ケルシャー曹長の100両、クラーマー軍曹ほか2名の曹長が各50両と続いている。（解説／浪江俊明）

ティーガーⅠ型の中期型は、足周りは初期型と同じだが、砲塔の車長用司令塔がより外部が見やすい後期型に変更されたタイプ。写真はカリウスの所属した第502重戦車大隊第2中隊の中期型（217号車）だと思われる。

PANZERTALES

WORLD TANK MUSEUM

ワールド タンク ミュージアム

IRC CONTROL

- ■WR-01:TIGER II Henschel Model (Peiper Kampfgruppe)
- ■WR-02:TIGER II Henschel Model (s.SS-Pz.Abt.101)
- ■WR-03:TIGER II Porsche Model (s.Pz.Abt.503)
- ■WR-04:JAGDTIGER (s.Pz.Jg.Abt.512)
- ■WR-05:PANTHER Ausf.G (Pz.Div.2)
- ■WR-06:PANTHER Ausf.G (Pz.Br.106)
- ■WR-07:M1A1 ABRAMS (3rd.Inf.Div.)
- ■WR-08:M1A2 ABRAMS (1st.Inf.Div.)
- ■WR-SP3:PANTHER Ausf.F

ワールド タンク ミュージアム・赤外線コントロールシリーズ

■WR-01：ティーガーⅡヘンシェル型重戦車・パイパー戦闘団
■WR-02：ティーガーⅡヘンシェル型重戦車・SS第101重戦車大隊
■WR-03：ティーガーⅡポルシェ型重戦車・第503重戦車大隊
■WR-04：ヤクトティーガー重駆逐戦車・第512重戦車駆逐大隊
■WR-05：パンターG型中戦車・第2戦車師団
■WR-06：パンターG型中戦車・第106戦車旅団
■WR-07：M1A1エイブラムス・第3歩兵師団
■WR-08：M1A2エイブラムス・第1歩兵師団
■WR-SP3：パンターF型中戦車・実戦配備想定

■2003年～2004年発売
■造形企画制作／株式会社海洋堂
■原型制作／谷明
■商品企画開発／株式会社タカラ
■単4形アルカリ電池2本使用（別売）、3480円
■手榴弾型のコントローラーで操作するギネス級の超小型RCタンク。宮脇専務も「WTMがタカラさんと組めていちばんよかったのがこれ。未来の玩具を出せてよかった」と絶賛のシリーズ。2003年のクリスマスには、モリナガ氏描き下ろしパッケージの2個セット限定仕様が、翌年2月の【ワンダーフェスティバル2004［冬］】では会場限定品としてパンターF型が販売された。ちなみにパンターG型のパッケージにヤークトパンターが写っているが、商品化には至らなかった。

ティーガーII型ファミリー
モリナガ・ヨウ 2003-/えと文
ティーガーII型
ポルシェ砲塔タイプ。
先行量産型で、はじめの
50輌はこの型である。
◎第2次大戦末にドイツ軍が投入したティーガーII型と、その派生型ヤークトティーガーは
悪夢的巨大戦車であった。開戦から5年で、ドイツの
戦車はここまできてしまったのである。
マイバッハ 液冷V型
12気筒ガソリン
エンジン
エンジン・足まわりはそのままで
さらに巨大化する。
・ヤークトティーガー
12.8cm砲
ティーガーII型
ヘンシェル砲塔
(量産型)
8.8cm砲
延長
重武装・重装甲を
誇るも、エンジンはパワー
不足。
68t.
75t.
4号戦車(5.4t)
うひゃあ
・恐るべきことにこんなのが動くのだ。
操縦手は小さなのぞき窓から前を見て運転しなければ
ならない。
訓練不足で
動かせる人間が
少なかったです。
人も戦車も
マメに休まないと
もちませんっ
ちょっと走ってはすぐ点検が
必須なのだ。
マニュアルから
・カーブの方法
正
誤
・路外走行時の
注意
誤
正
・直進すべし
無理な方向
転換すると、
こわれちゃうの
です
★ある時、ヤークトタイガーの部隊が90キロ
移動することになった。行軍には3日は
かかると想定されたが、2日で
目的地に
到着する。これは
大記録と
見なされた。
大快挙!
……1日30キロの予定?
※チャンと使うと山道でも
走ったそうである。
夜間など誘導役は主に
装填手の担当である。
(すぐふみつぶされるキケンな
任務)
◦大戦末期の稼動率は実は低くはない。しかし燃料不足と
大重量のため、エンコするとそのままになってしまう。戦後もそのままオブジェ
と化して、今日に至る
ものも
ある。
213
ベルギーに現存

ティーガーⅡ型ファミリー（ドイツ・1944-45年）

■WR-01：ティーガーⅡヘンシェル型重戦車・パイパー戦闘団
■WR-02：ティーガーⅡヘンシェル型重戦車・SS第101重戦車大隊
■WR-03：ティーガーⅡポルシェ型重戦車・第503重戦車大隊
■WR-04：ヤクトティーガー重駆逐戦車・第512重戦車駆逐大隊

SPECIFICATION

【ティーガーⅡ】
重量：68.5t（ポルシェ型）、69.8t（ヘンシェル型）
全長：10,300㎜
全幅：3,760㎜
全高：3,080㎜
装甲厚：25〜150㎜
兵装：8.8㎝砲×1門
　　　機関銃×2挺
速度：42㎞/h
乗員：5名
生産台数：489両

【ヤークトティーガー】
重量：70t
全長：10,654㎜
全幅：3,625㎜
全高：2,945㎜
装甲厚：250㎜
兵装：12.8㎝対戦車砲×1門
　　　機関銃×1挺
速度：41.5㎞/h
乗員：6名
生産台数：約80両

戦えば無敵、でも戦場まで行けるのか？

　ティーガーⅡ系列の車両は、戦闘室内、機関室上部（外）に消火器を各1器備え、機関室内には自動消火器という万全の態勢だった。なるほど、敵弾があたって火事になったらたいへんだからな、ドイツ人は用心深いものよ、と思うだろうけど、じつは違う。ものすごく重い車体を非力なエンジンで無理矢理動かしているので、少しでも無理なことをするとするとすぐエンジンが燃えだしたのだ。第505重戦車大隊では、工場から届いたばかりの新品ティーガーⅡ型3両が火災で全損になったというから、おそらく消火器のおかげで全損を免れたボヤ車両はもっと多かっただろう。しかし戦車兵がいったんこの戦車はエンジンを冷やしながら使えばいい、とかのコツを呑み込めば、ティーガーⅡ型の戦場での稼働率は、ずっと軽くて機動性能優秀と評判のパンター戦車より高く、操縦もむしろ容易だったという。（解説／梅本 弘）

117頁で紹介したオットー・カリウス氏は大戦末期に第512重戦車駆逐大隊に転属し、この鉄のお化けを指揮することになった。回転砲塔がなく、砲固定具を車外に出してはずすのが、ほんとうにいやだったそうだ。

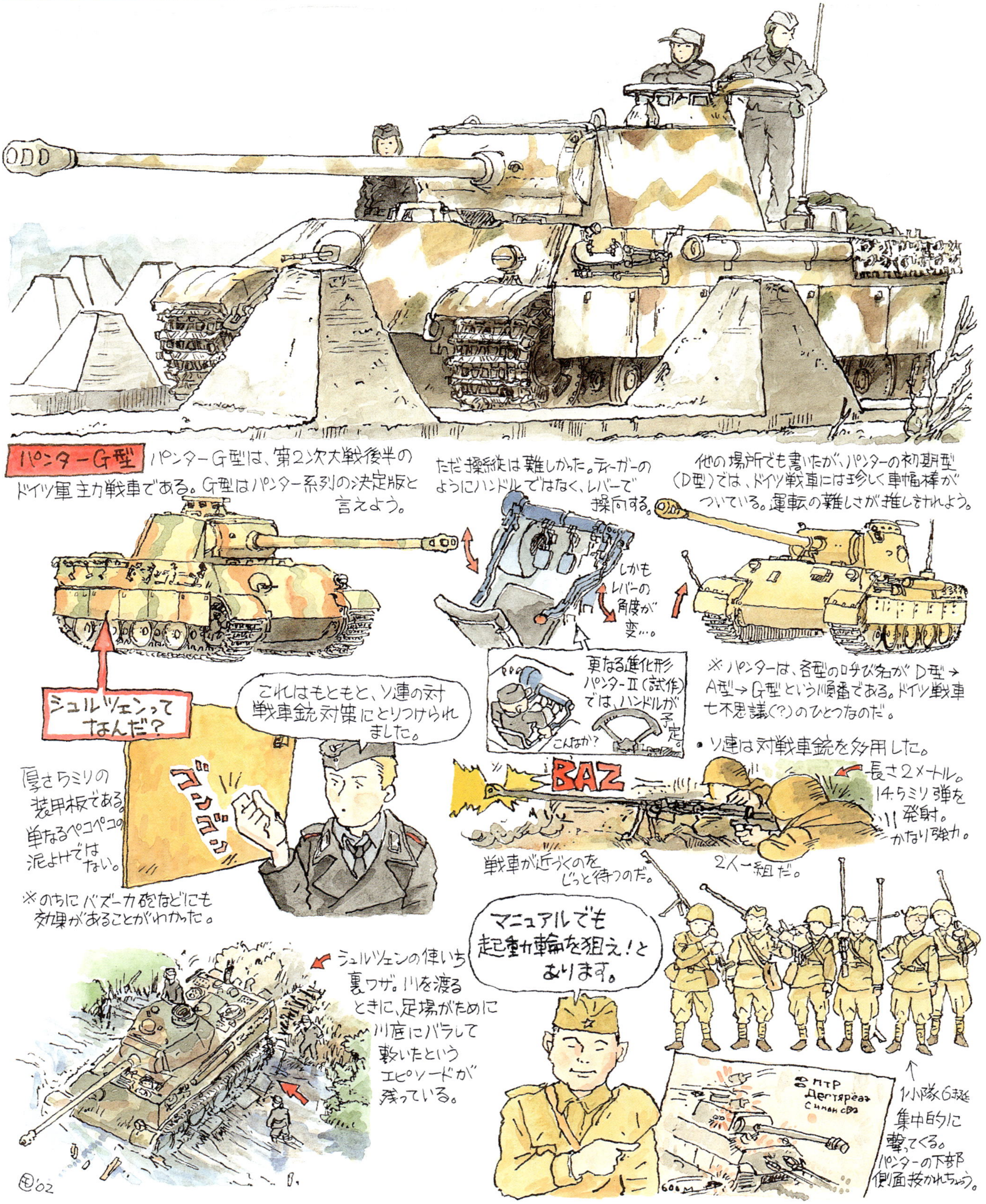
パンターG型
パンターG型は、第2次大戦後半のドイツ軍主力戦車である。G型はパンター系列の決定版と言えよう。
ただ操縦は難しかった。ティーガーのようにハンドルではなく、レバーで操向する。
他の場所でも書いたが、パンターの初期型（D型）では、ドイツ戦車には珍しく車幅棒がついている。運転の難しさが推し計れよう。
しかもレバーの角度が変…。
更なる進化形パンターII（試作）では、ハンドルが予定。
こんなか？
※パンターは、各型の呼び名がD型→A型→G型という順番である。ドイツ戦車七不思議（？）のひとつなのだ。
シュルツェンってなんだ？
これはもともと、ソ連の対戦車銃対策にとりつけられました。
ゴンゴン
厚さ5ミリの装甲板である。単なるペコペコの泥よけではない。
※のちにバズーカ砲などにも効果があることがわかった。
・ソ連は対戦車銃を多用した。
BAZ
長さ2メートル。14.5ミリ弾を発射。かなり強力。
戦車が近づくのをじっと待つのだ。
2人一組だ。
マニュアルでも起動輪を狙え！とあります。
ПТР
Дегтярёва
Симонова
600M
1小隊6挺
集中的に撃ってくる。パンターの下部側面抜かれちゃう。
シュルツェンの使いち裏ワザ。川を渡るときに、足場がために川底にバラして敷いたというエピソードが残っている。
田'02

パンターG型中戦車 （ドイツ・1944-45年）

■WR-05：パンターG型中戦車・第2戦車師団
■WR-06：パンターG型中戦車・第106戦車旅団

SPECIFICATION

重量：45.5t
全長：8,860㎜
全幅：3,400㎜
全高：2,980㎜
装甲厚：16〜110㎜
兵装：7.5㎝砲×1門
　　　機関銃×2挺
速度：46㎞/h
乗員：5名
生産台数：2,953両

シュルツェン〜前掛けは対戦車銃よけ

独ソ戦と言えば対戦車銃。名画『誓いの休暇』もドイツ戦車と対戦車銃の戦いから始まる。たしかにソ連の対戦車銃は強力でしかも数が多かったので、ドイツ戦車はかなり悩まされたらしい。あるドイツ戦車兵は「射手は名人揃いで覘視孔《てんしこう》や機銃など弱いところを狙って命中させる」と回想している。たしかに名人もいただろうが「ドカンと大きな音がしたので、外を見たら銃身が炸裂した対戦車銃を持ったロシア兵が死んでいた」と証言しているフィンランド軍の突撃砲の乗員もいるので、案外、銃身が装甲板にあたる寸前まで引き寄せて、至近距離から撃っていたのではあるまいか。パンターをはじめドイツ戦車はこの対戦車銃よけにシュルツェンを装備したわけだが、装着が甘く、走行中にバタバタとものすごい騒音をあげるので、「うるさいから取りはずしてしまった」場合もあったらしい。
（解説／梅本 弘）

1944年秋、東プロシアで戦闘中のパンターG型。３色迷彩の上に、木漏れ日を表現する細かい斑点が描き込まれた独特な迷彩は、大戦も末期になり、戦場が東部の平原から自国領の森のなかへと変化したことを意味している。

・M1A1/A2 エイブラムス戦車は、現在のアメリカ軍の主力戦車である。どうやら世界最高級の性能を誇っている。
最近まで現役
もともとM60系列の後継を考えるにあたり、西ドイツと組んで「夢の無敵戦車」を開発していた。
MBT-70
(西ドイツ名KPZ70)
意見があわなかった
・MBT70が没になりアメリカ独自の新主力戦車を開発することになる。
・それがM1だが、いろいろ改修されM1-A1になり、別系でM1-A2ができたり進化しつづけている。
割とフクザツ
M-1 A1 ブロックII
重量が60tもあるのに、超強力なガスタービンエンジンで
ガオオオ
砲塔が巨大なので横にしないとエンジンのハッチがあかない
「パワーパック」といってエンジン関係をまるごととり外せる。整備などに便利。
M1A1戦車大図解(グリーンアロー出版社)より作図。
カポッ
湾岸戦争の時は、すぐエンジンがダメになり総とっかえしながら走った…
…という説と、日に一度のエアフィルターの掃除だけでOKだったという説がある。
なまじ最近だと本当のところはよくわからない…
整地なら時速70kmは出るらしい。エンジンブレーキが全く効かないのだがガスタービンなので仕方がない。カーブに入るときは、ちゃんと減速しないとまがれない。
(初期はすぐキャタピラが外れたそうだ)
宮2003-'04

M1エイブラムス （アメリカ）

■WR-07：M1A1エイブラムス・第3歩兵師団
■WR-08：M1A2エイブラムス・第1歩兵師団

SPECIFICATION

重量：63t（A2）、57t（A1プラス）
全長：9,830㎜
全幅：3,658㎜
全高：2,885㎜
装甲／複合装甲
兵装：120㎜滑腔砲×1門
　　　機関銃×3挺
速度：67.59㎞/h
乗員：4名

戦争のたびに進化する地上戦の王者

湾岸戦争をはじめとする実戦で能力や信頼性を証明し、「世界最強の戦車」と呼ばれるのがアメリカのM1エイブラムス。制式化は1981年で、世界に先駆けてガスタービンエンジンを搭載し、装甲鋼板にセラミックやチタンなどを重ねた複合装甲を採用していた。M1は装甲の強化を中心としたIPM1、105㎜だった主砲の口径を120㎜に改めたM1A1、そして湾岸戦争の直前には劣化ウランを装甲材に使用したM1A1HAと、段階的に発展する。この間にも補助動力装置の付加をはじめ、戦闘識別パネルや敵ミサイル欺瞞装置、新型の発煙弾発射器の採用など、多くの改良が施された。最新型のM1A2では、車長用の独立式熱線画像装置、車両間情報システム、新型司令塔などが採用された。車長は暗闇を見通し、モニター上に敵味方の車両などを表示しながら有利に戦えるのだ。（解説／浪江俊明）

2003年のイラク戦争のニュース映像で驚いたのは、戦車運搬車で移動するのではなく、砂塵を上げて自走するM1戦車の姿だった。また市街戦では撃破された車両が多かったのも意外だった。（写真／柿谷哲也）

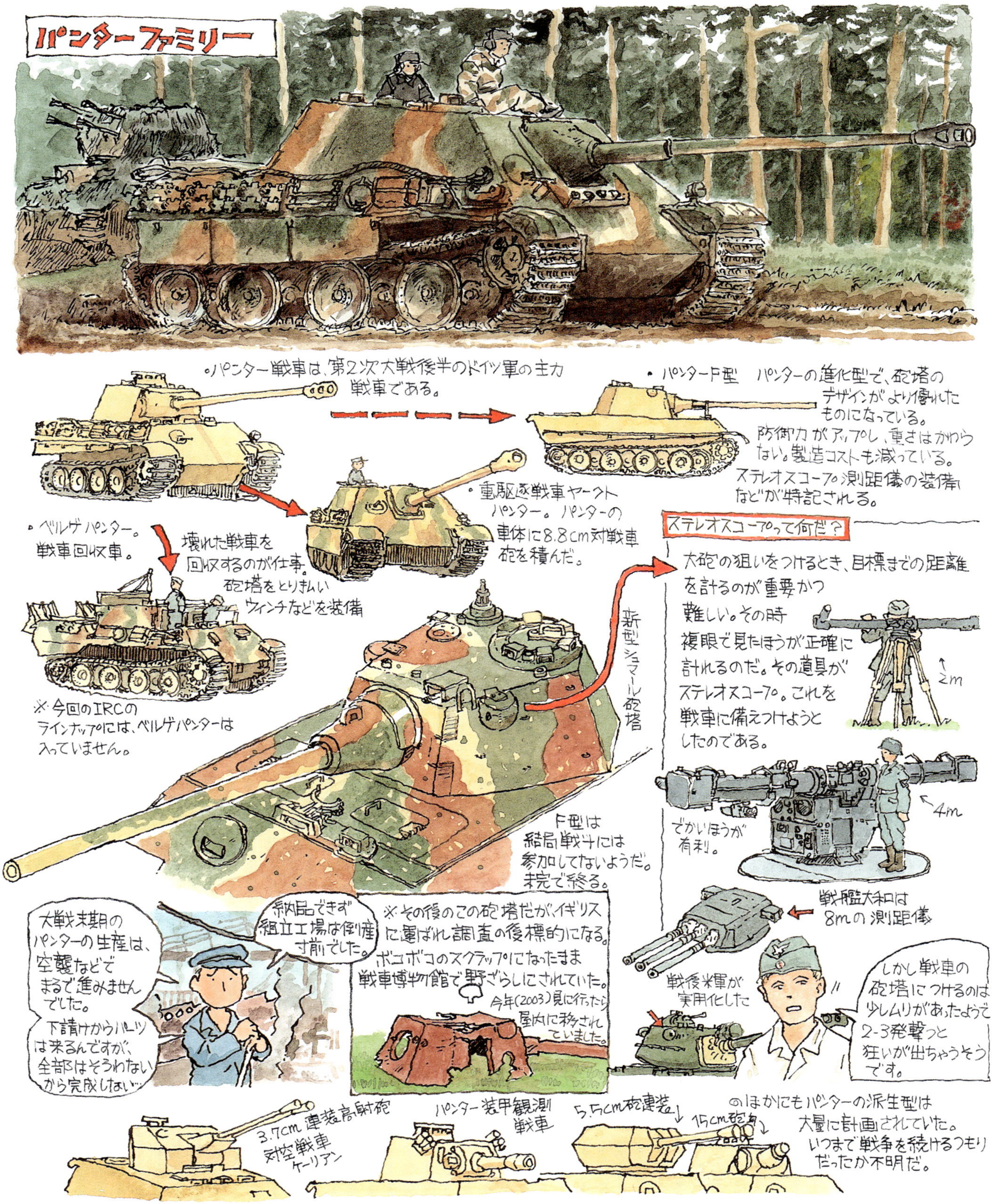
パンターファミリー
・パンター戦車は、第2次大戦後半のドイツ軍の主力戦車である。
・パンターF型 パンターの進化型で、砲塔のデザインがより優れたものになっている。
防御力がアップし、重さはかわらない。製造コストも減っている。
ステレオスコープ測距儀の装備などが特記される。
・重駆逐戦車ヤークトパンター。パンターの車体に8.8cm対戦車砲を積んだ。
・ベルゲパンター。戦車回収車。
壊れた戦車を回収するのが仕事。
砲塔をとりはらいウィンチなどを装備
※今回のIRCのラインナップには、ベルゲパンターは入っていません。
新型シュマール砲塔
F型は結局戦斗には参加してないようだ。未完で終る。
ステレオスコープって何だ？
大砲の狙いをつけるとき、目標までの距離を計るのが重要かつ難しい。その時複眼で見たほうが正確に計れるのだ。その道具がステレオスコープ。これを戦車に備えつけようとしたのである。
2m
4m
でかいほうが有利。
戦艦大和は8mの測距儀
大戦末期のパンターの生産は、空襲などでまるで進みませんでした。
下請けからパーツは来るんですが、全部はそろわないから完成しない…
納品できず組立工場は倒産寸前でした。
※その後のこの砲塔だが、イギリスに運ばれ調査の後標的になる。ボコボコのスクラップになったまま戦車博物館で野ざらしにされていた。
今年(2003)見に行ったら屋内に移されていました。
戦後米軍が実用化した
しかし戦車の砲塔につけるのは少しムリがあったようで2-3発撃つと狂いが出ちゃうそうです。
3.7cm連装高射砲対空戦車ケーリアン
パンター装甲観測戦車
5.5cm砲連装
15cm砲
のほかにもパンターの派生型は大量に計画されていた。いつまで戦争を続けるつもりだったか不明だ。

パンターF型中戦車 (ドイツ・1945年)

■WR-SP3：パンターF型中戦車・実戦配備想定

SPECIFICATION

重量：45t
全長：8,860㎜
全幅：3,440㎜
全高：2,920㎜
装甲厚：15〜120㎜
兵装：7.5㎝砲×1門
　　　機関銃×1挺
　　　突撃銃×1挺
速度：55㎞/h
乗員：5名
生産台数：1両（砲塔のみ3基）

見た感じ、目標まで何メートル？

火砲の射撃で難しいのは、砲身の角度をどのくらいにするかという縦の照準［射程距離］、つまり目標までの距離の決定。横の照準は目標に砲身を向ければいいんだから簡単だけど、砲弾の弾道は地球の引力に引っ張られてることを計算して山なりに飛ばさないといけないから、射程距離の目測を誤ると、弾は目標の手前に落ちたり、飛び越えたりしちゃう。そこで砲撃はふつう、まず射程を目測より遠目に設定して試射、その弾着位置を見て次は目測よりも近めにして試射、それからうまく案配して3発目以降に命中させる。目標を遠弾と近弾で挟むので、これを［挟叉《きょうさ》射撃］と言う。第二次大戦中のドイツ戦車のマニュアルにもこの方法が載ってる。射程を目測するのは戦車長と照準手の役割だが、わからないときには前がよく見える操縦手にも相談しろと書いてある。いまの戦車はレーザー照準なのでこんな苦労はない。昔はたいへんだったのだ。ステレオスコープの失敗、笑うべからず。（解説／梅本 弘）

イギリス軍は終戦後にドイツに残っていた重戦車などを本国に運んで調査した。その一部はボーヴィントン戦車博物館で見ることができる。パンターF型の砲塔は長らく雨ざらしだったが、いまでは屋内に展示されている。

PANZERTALES
WORLD TANK
ワールド タンク ミュージアム図鑑
MUSEUM
illustrated

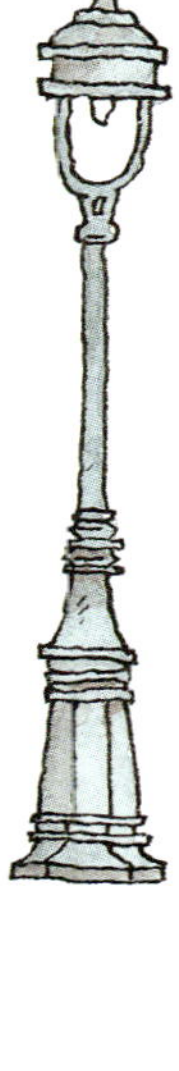

■WTM解説イラストが生まれるまで

暖かさのなかにも芯がある絵柄と手書き文字が一体化し、画面に目を落とした瞬間から、作者の行動が読者と同化してしまうのが、モリナガ氏のイラストルポの神髄だ。しかしその技法は、戦場体験を資料をもとに妄想するWTMの解説イラストにも存分にいかされている。

1

2

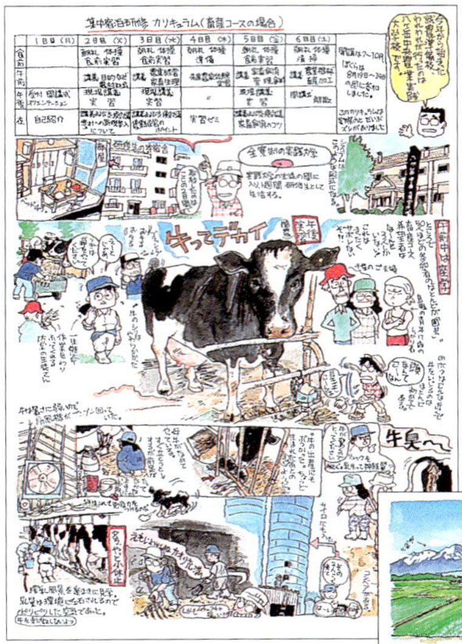

3

1：東京の町を調べて歩く、雑誌『じゃらん』連載［東京右往左往］（1998年）より。

2,3,4：『Uターン・Iターンビーイング』掲載の、地方での仕事を体験するルポマンガ（1995～97年）。ちなみに本書編集者は、まったく偶然にこの記事を目にし、そのタッチに魅了されてスクラップするほど気に入ってしまった。その後、またも偶然にモリナガ氏と出会うことになる。詳しい経緯は『35分の1スケールの迷宮物語』（小社刊）をご覧いただきたい。

5：『もうすぐいちねんせい'99年版』では、小学校１年生の教室を取材。そのときの成果がのちの新聞４コマ『あら、カナちゃん！』で開花することになる。技法的にはすべて同じである。

5

4

6

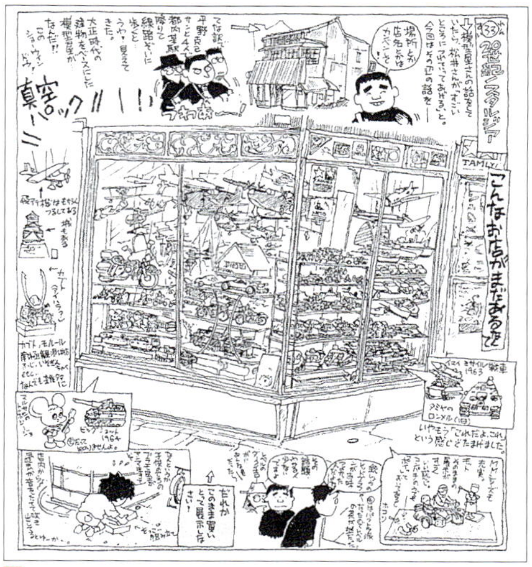

7

8

9

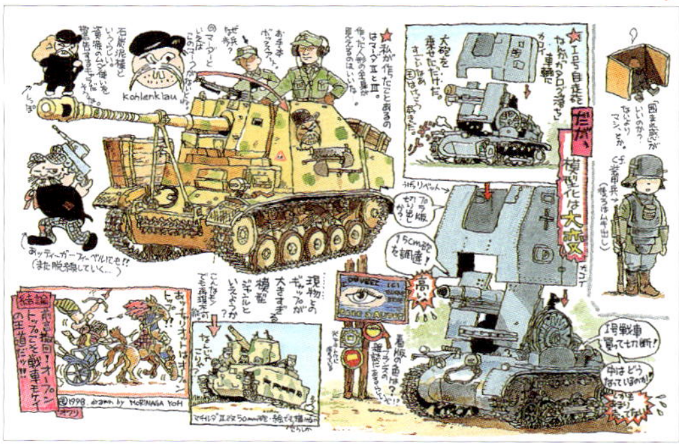

10

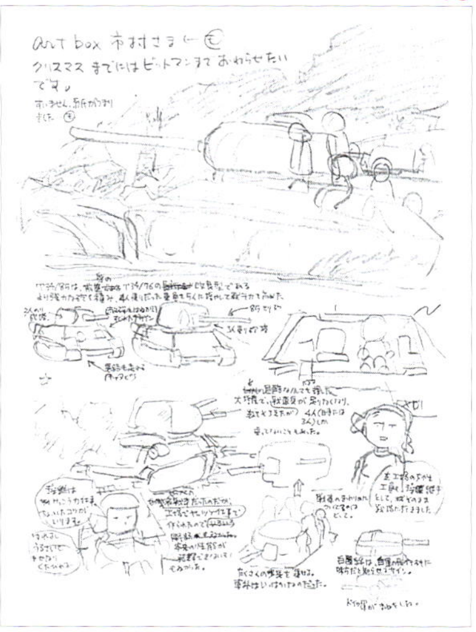

11

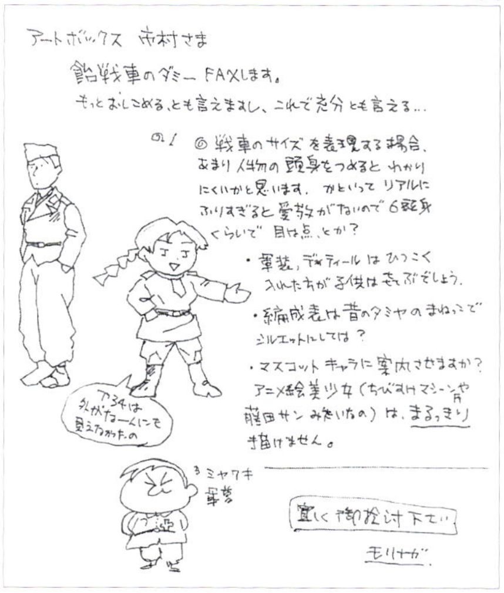

6,7,8：1998年より模型＆戦車業界との関係が生まれ、モリナガ氏の心の深層に眠っていた本性が覚醒。月刊『モデルグラフィックス』（小社刊、以下MG誌）連載の、戦車模型の想い出を綴った『35分の1スケールの迷宮物語』は、世の戦車好き（宮脇センムもそのおひとり）のトラウマを刺激して大好評を博した。

9：MG誌と並行して、戦車模型専門誌、月刊『アーマーモデリング』（小社刊）でも戦車エッセイの連載を開始（1998年〜）。WTMの解説書の制作を依頼されたMG編集部は、日本唯一の戦車戦小説家（になり損ねた）梅本 弘にその仕事を丸投げ、梅本氏の提案でモリナガ氏にイラストを依頼することになった。

10,11,12：2001年よりWTM企画は正式に進み出し、モリナガ氏に解説イラストが発注された。以前のイラストルポとちがい、まるで小学生が大学受験をするようなレベルで膨大な資料を一気に吸収、咀嚼したうえで表現するというとてつもない作業が繰り返された。

13：「戦車妄想家」宮崎 駿氏に洗脳された梅本氏のヘソ曲がりな見出しと解説文が添えられ、解説書はようやく完成した。

14：WTMの商品仕様。解説書の裏には資料紹介や塗装のポイントなどが掲載されている。戦車フィギュアは台紙つきのブリスターに収納される。

12

13

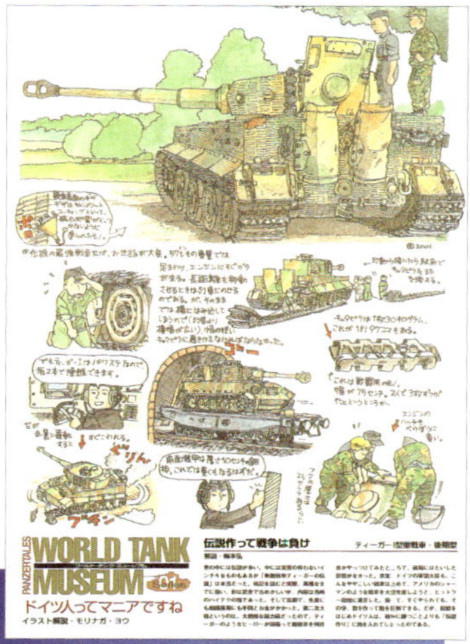

14

モリナガさんが解説イラストを描くにあたって参考用に組み立てた1/35スケールのプラスチックモデルの一部。砲塔の上下パーツは、内部を描くために接着していない。（初出／月刊『アーマーモデリング』2004年5月号）

■WTM解説イラスト裏話

■ワンダーフェスティバル2002［冬］リポート

当初WTMは、フルタ製菓から発売予定で、2002年２月３日開催の【ワンダーフェスティバル2002［冬］】において限定先行販売が予定されていたが、当日に海洋堂との提携解消が発表されるという異例の事態が勃発。しかし５万個が数時間で完売という驚異のパワーを見せつけ、その後にタカラとの提携が決まることになる。
（初出／月刊『モデルグラフィックス』2002年５月号）

WTM@WF(2002)冬
えと文 モリナガ・ヨウ
ふうん
まあ一応関係者なんで、WFの2日前にニュースは来てて…
チョコタンク出ないんですってよ
えー
イメチェンした吉祥寺怪人(改)
「Z」とか「R」とか「A」とか
全国のコンビニやスーパーで、子供たちが戦車模型買って☆私のイラストで勉強する……はずだったのに。
戦車なんか買わせん!
←ヨメさん(さいきん茶髪)
もー がっかり。
どんより
本当はWFも欠席したいくらいだった。天気悪かったし。
(高校の文化祭雨降っちゃってなげやり気分で後夜祭中止の前科←)
中止だちくしょー
ブー
←委員長
だが何か知らんがチョコタンクのブースは大行列であった。
ボクのイラスト
大作戦
並んでも買えないよ〜ん
すごいな…こんなに戦車需要があると思わなかったよ!
誰も目に入らなかったかも知れないが、飾りのものは、2日がかりで作られたもの/だそうである。
当日限定6コパック。アーマーライターの小林さんに買ってもらいました。
買った人皆がこういう夢のない開けかたしてたのが面白かった。フルタとの決裂があって「もーWFで売り切ったれ」という意図でパック詰めした訳ではないそうだ。あと95万輌が、本土上陸を待っている。
ガンプラモデラーラッカーユーザーY君もちゃんと並んでいた。えー!?本当に36コまとめ買いしたの!?
当日用意した5万輌はすぐ売り切れちゃいました。
私は2回並びました
←最後のお客となった埼玉の中島さん。
キミも戦車に目覚めてくれたんだね
出来のいい食玩だからですよ
ボク食玩コレクターですもん。
あっさり
傷心の海洋堂(兵器局)平野さん。何年もかけてここまできて…ショックでイマイの1/16エレファント作っちゃったほど。
ゴロゴロ
Wonder Festival 2002 Winter
MUSEUM
間抜けにも私もオマケのチラシ、コンプリートできず。
持つべきモノはコレクターの知人。
あとでY君と白色IV号と交換したのだった。
ありゃ?これ人が入ってるぞ
ザワザワ
それからシークレットアイテム出すぎ。全くこっそり感がなかったなあ(私も出た)。
まあでも(また)遅れたがちゃんと出るみたいなんで待ちましょう。
まめちしき
平野さんに聞いた話。WTMはチョコ以外の版権は全て(株)海洋堂が持っているそうだ。
砲塔をひっくり返すと©KAIYODOとある。工場も海洋堂が使っているところ。
©KAIYODO
金型も1/35でもやらなくなった3〜4面スライド金型。一体なのに横のモールドも抜けている。
型は原型(のコピー=マスター)からのダイレクトモールド。
金属メッキの厚いやつ
焼いてとかす。
比較的手軽に型をおこせる分、あんまりもたない。
沢山作っておいて、量産するのである。
ブリスターパックまで海洋堂がやって、箱は外注(この理解でいいと思う)。
だから箱かえりゃすぐ出るぞ。
オマケチラシに「エフトイズ」って入ってなかったりするし。
宮脇専務には夕方会えた。5万輌売れたあとだったので、割と元気。
この時にすでに組む相手候補がいくつか手が上がってると言っていた。
第2シリーズの商品見本も見せてもらった。技術が、上がっている…。こ、これはすごい…。
KVIなんかスローガンが印刷(?)されているぞ。
という訳で…㋲のところにも予定通り第2シリーズイラスト発注がありまして、今、描いてます。遅れてます。
プラウダ
困るんですよっ そこの木につるされたいんですか!
ひ〜
ノルマ
だって出ないかも…って思うと筆が進まなかったんでしょう。頑張ります㋲
資料の山→

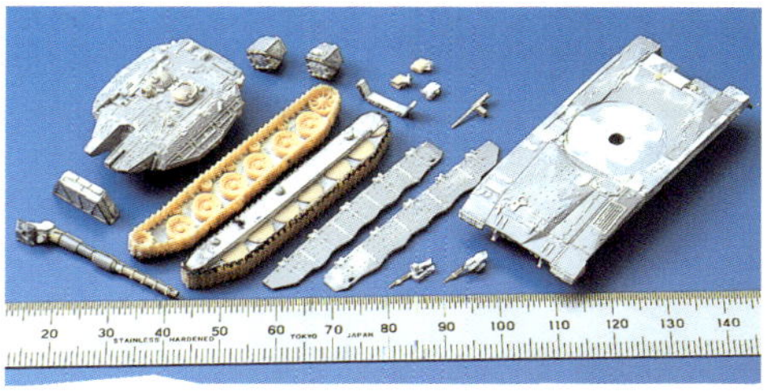

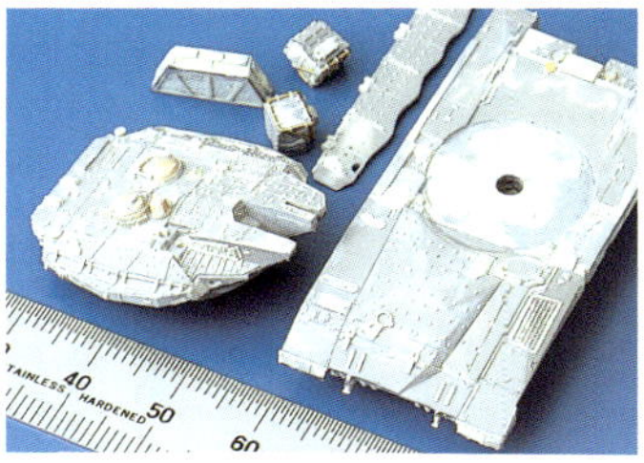

谷氏によるメルカバの原型。定規との比較でいかに精緻なものかがわかる。「リベットが0.1㎜くらいになって……砲塔の裏は、なんか虫が卵を生みつけたみたいで（笑）」

■原型師・谷 明に迫る

『ワールドタンクミュージアム』のヒットの理由は、3Dデータによる模型の無味乾燥な質感とちがい、谷 明氏がその手で削って作った原型の味がユーザーに伝わったことだろう。神業とも言うべき原型製作作業には、どんな秘密があるのだろうか……。
（初出／月刊『モデルグラフィックス』2002年9月号）

食玩ブームは、中国での高度で安価な生産技術なくしてはあり得ないことだった。WTMも第７弾を数えて中国工場の技術力も安定し、谷氏の原型と、人気モデラー斎藤氏による塗装見本の再現度も各段に進歩した。2005年２月、その実際を見届けるべく、モリナガ氏は中国に渡った。（初出／月刊『モデルグラフィックス』2005年６月号）

■WTM中国工場リポート【1：工場の威容】

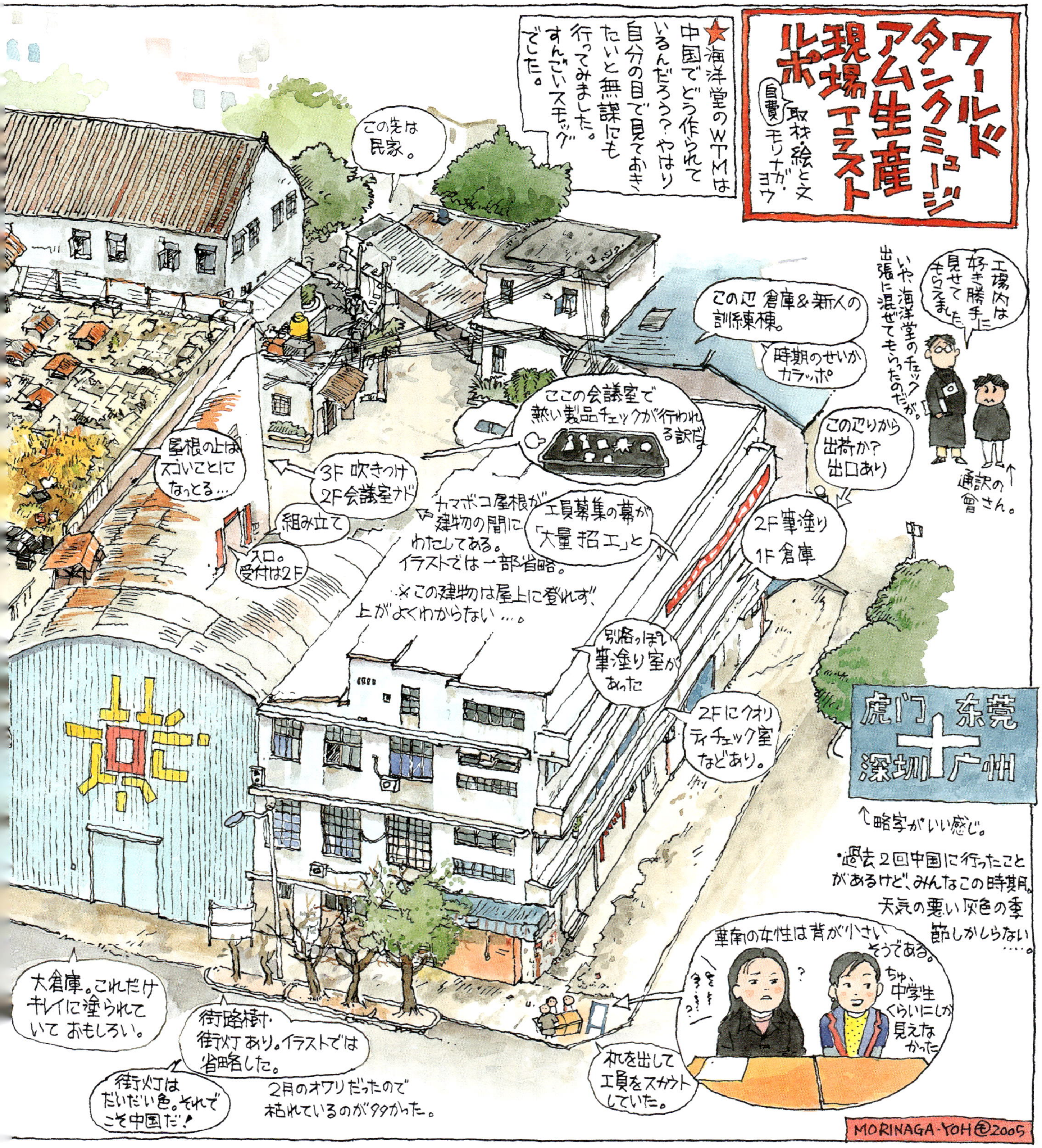
ワールドタンクミュージアム生産現場イラストルポ
自費
取材・絵と文 モリナガ・ヨウ
★海洋堂のWTMは中国でどう作られているんだろう？やはり自分の目で見ておきたいと無謀にも行ってみました。すんごいスモッグでした。
この先は民家。
工場内は好き勝手に見せてもらえました。
いや、海洋堂のチェック出張に混ぜてもらったのだが。
通訳の曾さん。
この辺 倉庫&新人の訓練棟。
時期のせいかカラッポ
ここの会議室で熱い製品チェックが行われる訳だ。
この辺りから出荷か？出口あり
屋根の上はスゴいことになっとる…
3F 吹きつけ 2F会議室ナド
組み立て
入口。受付は2F
カマボコ屋根が建物の間にわたしてある。イラストでは一部省略。
工員募集の幕が「大量招工」と
2F筆塗り 1F倉庫
※この建物は屋上に登れず、上がよくわからない…。
別棟っぽい筆塗り室があった
2Fにクオリティチェック室などあり。
虎门 东莞 深圳 广州
↑略字がいい感じ。
・過去2回中国に行ったことがあるけど、みんなこの時期。天気の悪い灰色の季節しかしらない…。
華南の女性は背が小さいそうである。
ちゅ、中学生くらいにしか見えなかった
大倉庫。これだけキレイに塗られていて おもしろい。
街路樹・街灯あり。イラストでは省略した。
街灯はだいだい色。それでこそ中国だ！
2月のオワリだったので枯れているのが多かった。
机を出して工員をスカウトしていた。
MORINAGA・YOH © 2005

■WTM中国工場リポート【2：成形の鼓動】

近年の中国の模型メーカーの金型技術の進歩は目覚ましく、スライド金型を多用して極限までパーツの一体化を可能にしている。その技術はWTMの小さな戦車にも活かされているのだ。（初出／月刊『モデルグラフィックス』2005年7月号）

■WTM中国工場リポート【3：塗装の神秘】

もっとも細心の注意がはらわれる塗装工程では、塗装スタッフの集中力に圧倒されるという。以前に工場を見学した谷氏によると、流れ作業というよりも「何千人分の集中力の積み上げ」のように感じられるそうだ。（初出／月刊『モデルグラフィックス』2005年8月号）

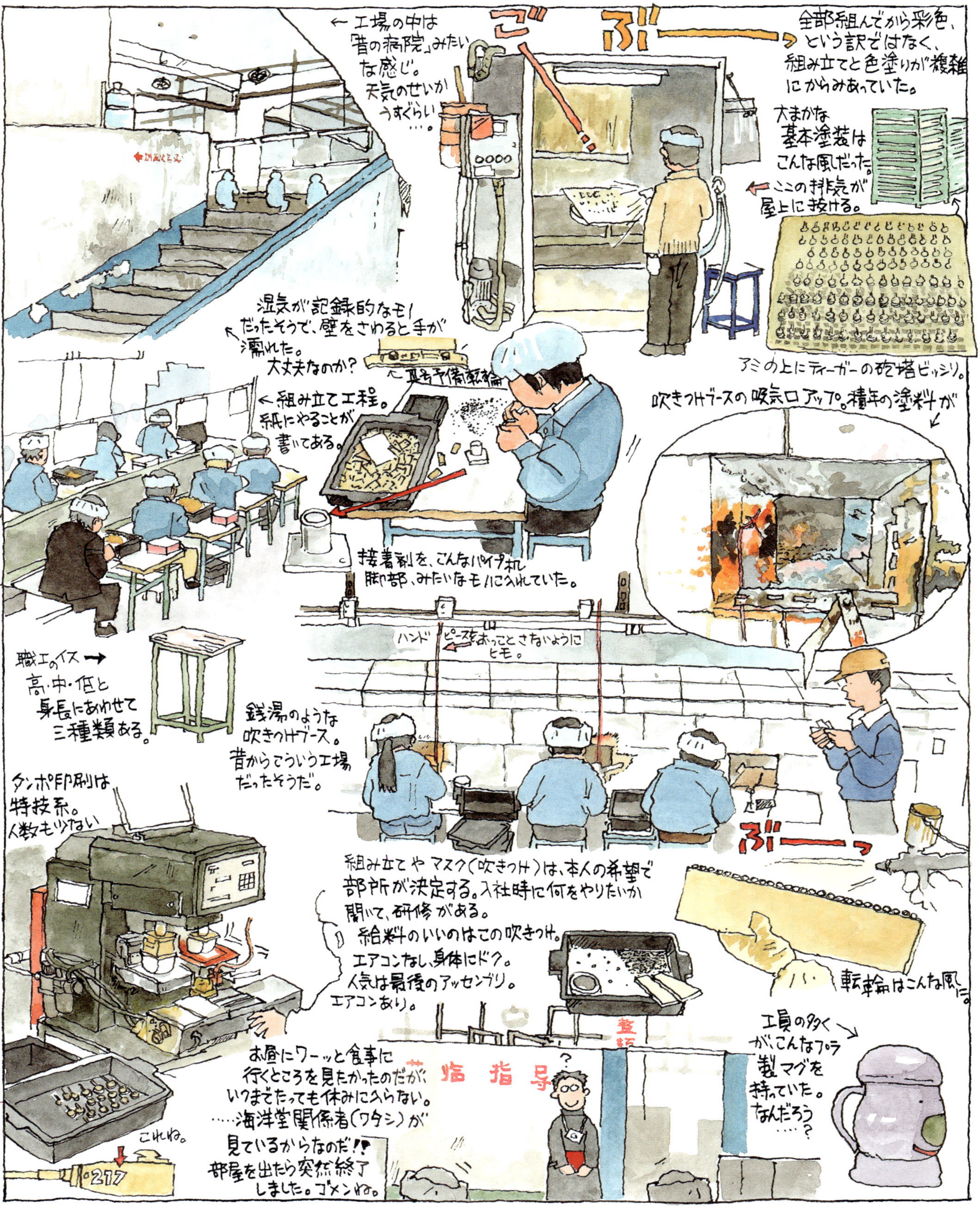
← 工場の中は「昔の病院」みたいな感じ。天気のせいかうすぐらい……。
ごぶ――
全部組んでから彩色、という訳ではなく、組み立てと色塗りが複雑にからみあっていた。
大まかな基本塗装はこんな風だった。
← ここの排気が屋上に抜ける。
アミの上にティーガーの砲塔ビッシリ。
湿気が記録的なモノだったそうで、壁をさわると手が濡れた。大丈夫なのか?
← 組み立て工程。紙にやることが書いてある。
吹きつけブースの吸気口アップ。積年の塗料が
接着剤を、こんなパイプ机脚部、みたいなモノに入れていた。
ハンド ピースをおっことさないようにヒモ。
職工のイス → 高・中・低と身長にあわせて三種類ある。
銭湯のような吹きつけブース。昔からこういう工場だったそうだ。
タンポ印刷は特技系。人数も少ない
ぶ――
組み立てや マスク(吹きつけ)は、本人の希望で部所が決定する。入社時に何をやりたいか聞いて、研修がある。
給料のいいのはこの吹きつけ。エアコンなし、身体にドク。
人気は最後のアッセンブリ。エアコンあり。
転輪はこんな風に。
お昼にワーッと食事に行くところを見たかったのだが、いつまでたっても休みに入らない。……海洋堂関係者(ワタシ)が見ているからなのだ!! 部屋を出たら突然終了しました。ゴメンね。
?
工員の多くが、こんなプラ製マグを持っていた。なんだろう……?
これね。
217

■ワールドタンクGOODSミュージアム

WTMは食玩としての驚異的ヒットを受け、さまざまな関連アイテムが企画・販売された。ここでは、WTM本体の番外篇的商品に加え、モリナガ氏がイラストを手がけた貴重なグッズを集めてみた。

【ワンダーフェスティバル2002［冬］オフィシャルチョコレート】

1

2

1,2：2002年２月３日の【ワンダーフェスティバル2002［冬］】会場で限定先行販売されたシリーズ１の６個セット（T34/85キット版1個つき、1500円）。一般販売が延長されてきたが、翌月には海洋堂とタカラが提携、４月に晴れて正式発売された。

【ワールド タンク ミュージアム大戦略エディション】

3：Xbox用ソフト『大戦略Ⅶ for Xbox』との連動商品（2003年５月発売、生産数50万個）。4：90式戦車（単色迷彩＆２色迷彩）には戦車搭乗員が付属。5：74式戦車（単色迷彩＆２色迷彩）はドーザーつき。6：AH-1Sは陸自仕様と米軍仕様の２機種。

3

4

6

5

7

8

【ロマンアルバム ポケットワールド タンク ミュージアム】

7：なんとWTMもあのロマンアルバム（徳間書店刊）に！
8：付録にはティーガーⅠ型の特別仕様（SS第101重戦車大隊、ヴィットマン搭乗車、ノルマンディー1944）が付属。

【ワールド タンク ミュージアム対決編】

9

10

11

12

13

14

9：2003年８月に発売された特別仕様。戦線別のライバル車両に各種アクセサリーが付属。既発売の車両だが、谷氏によって原型が修正されている。10：ノルマンディー戦線。11：ダンツィヒ。12：東部戦線。13：東部戦線。14：アルデンヌ戦。

【月刊モデルグラフィックス誌上限定通販】

15：月刊『モデルグラフィックス』2002年９月号誌上で展開された誌上通販用のティーガーⅡ型の特別仕様。戦車モデラー・土居雅博氏による大戦末期の迷彩。このほかにM4シャーマン、Ⅳ号J型、エレファント、88mm砲のキット版、ちびすけマシーン氏原型の［ファモちゃんボトルキャップ］がセットされた。

16

18
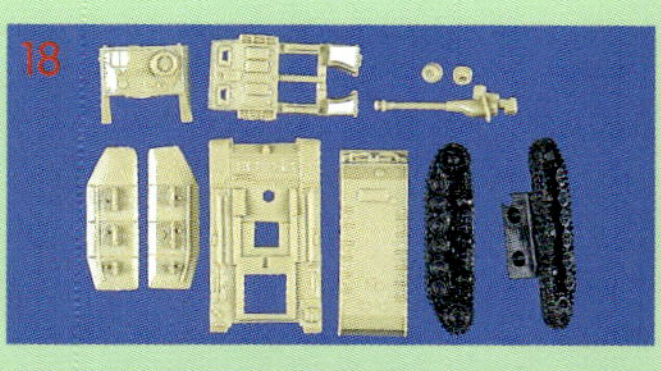

20
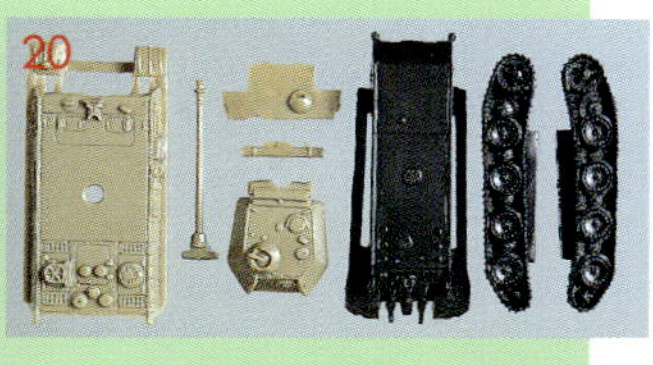

15

17
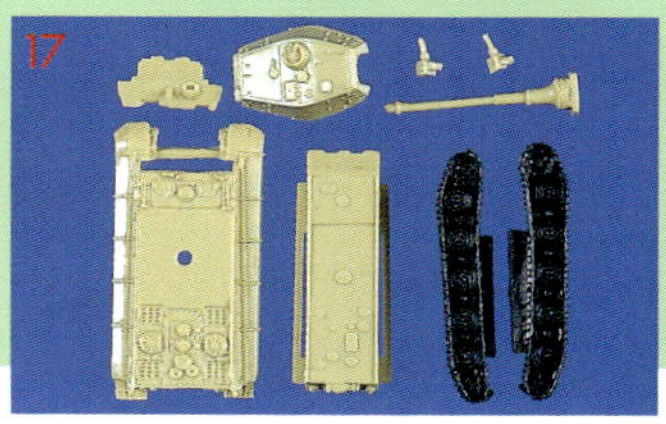

19
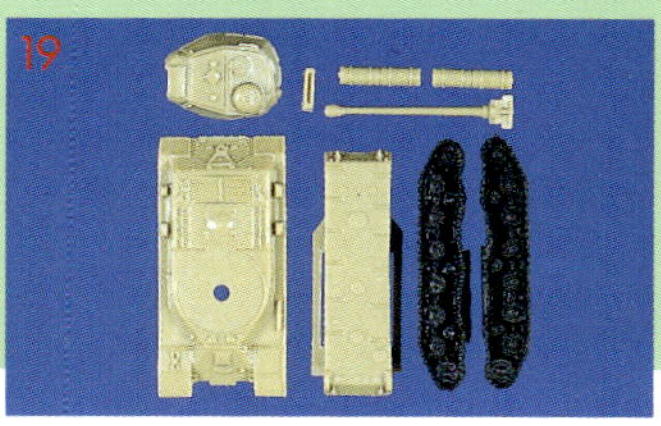

16：同誌2003年３月号での誌上通販第２弾用のパンターG型。こちらも土居氏による、大戦末期の錆止め塗装をベースとした迷彩。このほかに［ファモちゃんボトルキャップ］、大勝利Ｔシャツ（141頁写真27）、ティーガーⅡ型（17）、Ⅲ号突撃砲G型（18）、JS-2（19）のキット版がセットされた。20：同誌３月号の付録になったパンターG型のキット版。

21

22

23

24

25

26

27

【大勝利Tシャツ】

21〜26：月刊『モデルグラフィックス』2002年9月号に掲載されたモリナガ氏のイラストルポ（本書135頁参照）を見たコンテンポラリーアーティストの村上 隆氏が、「大勝利です！」というセリフにハマってしまい、なぜかTシャツを製作販売することに（製作／カイカイキキ、販売／ホビーロビー東京、大阪）。モリナガ氏が描きおろしたイラスト（大勝利ロゴも含む）の3種各2色（サイズ／M、L、XL、3000円）。**27**：140頁のMG誌上通販用のカラーバリエーション。

28

29

30

【海洋堂出版記念会記念品】

28：海洋堂の書籍『海洋堂の発想』（光文社刊）、『海洋堂クロニクル』（太田出版刊）の出版記念パーティー（2002年11月28日）で、招待客に配られた特別版おまけフィギュア詰め合わせ（300個限定）。**29**：そのなかには赤ティーガーの大勝利バージョンも。**30**：同時に配られた大勝利Tシャツの色違い版。

31

32

【小池徹弥作ヴィネット】

31,32：月刊『モデルグラフィックス』誌上で活躍するモデラー・小池氏が、モリナガ氏の解説イラストを立体化したヴィネット（エレファントとヤークトパンターの2種）。ベースはレジンキャストキットとしてワンダーフェスティバルなどで販売された。

33

34

35

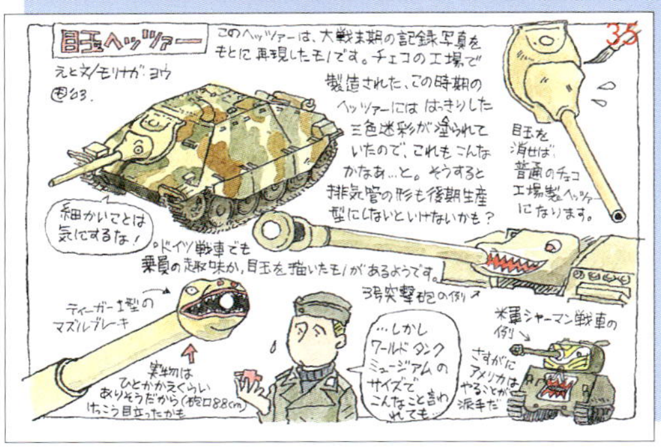

【目玉ヘッツァー】

33：モリナガ氏の傑作連載『35分の1スケールの迷宮物語』の単行本の通販限定版。通販のみで1万部以上を販売した驚異の書籍（付録のつかない書店版は現在も発売中）。**34**：付録には、モリナガ氏が塗装見本を製作した【目玉ヘッツァー】が付属した。**35**：フィギュアの入るブリスターケースの台紙には、描き下ろしのイラストが掲載された。

36

【モリナガ・ヨウ スペシャルボックス】

36：2003年12月に発売された赤外線コントロールWTMの特別パッケージ。WR-01とWR-03のセット（WR-SP1）と、WR-02とWR-04のセット（WR-SP2）の2種があり、泥汚色キャタピラ3種、パッケージイラストのポスター、折り目のない解説書がセットされた。海洋堂ホビーロビー、翌年2月のワンダーフェスティバル会場で販売（4600円）。

■参考文献

【書籍】
シュトルム&ドランクシリーズ No.3 SdKfz250&251/戦車マガジン（1991年）
シュトルム&ドランクシリーズ No.6 対戦車自走砲/戦車マガジン（1993年）
SdKfz250 ドイツ軽装甲兵員輸送車Sdkfz250シリーズと1tハーフトラックSdKfz10/デルタ出版（2001年）
SdKfz251 ドイツ中型装甲兵員輸送車Sd.Kfz.251シリーズ/デルタ出版（2002年）
世界の戦車〔2〕第2次世界大戦後～現代編/デルタ出版（1999年）
陸上自衛隊 車輌・装備ファイル/デルタ出版（2000年）
M1A1戦車大図解：坂本 明著/グリーンアロー出版（1991年）
ぼくの見た戦争：高橋邦典著/ポプラ社（2003年）
世界の戦車：ケネス・マクセイ著、林 憲三訳/原書房（1984年）
対戦車戦：ジョン・ウイークス著、戦史刊行会訳/原書房（1980年）
改訂版 間違いだらけの自衛隊兵器カタログ：日本兵器研究会編/アリアドネ企画（1999年）
劣化ウラン弾 湾岸戦争で何が行われたか
：国際行動センター劣化ウラン教育プロジェクト編、朝倉 修訳/日本評論社（1984年）
戦後日本の戦車開発史：林 磐男著/かや書房（2002年）
前進よーい、前へ 陸上自衛隊戦車部隊：木元寛明著/かや書房（1999年）
異形戦車ものしり大百科：斎木伸夫著/光人社（1998年）
ドイツ戦車発達史：斎木伸夫著/光人社（1999年）
戦車メカニズム図鑑：上田 信著/グランプリ出版（1997年）
ポルシェ博士とヒトラー：折口 透著/グランプリ出版（1998年）
電撃戦 グーデリアン回想記：本郷 健訳/フジ出版社（1974年）
クルップの歴史：ウイリアム・マンチェスター著、鈴木 力訳/フジ出版社（1982年）
電撃戦という幻：カール=ハインツ=フリーザー著、大木 毅・安藤広一訳/中央公論新社（2003年）
彼らは来た：パウル・カレル著、松谷健二訳/中央公論新社（1998年）
焦土作戦：パウル・カレル著、松谷健二訳/学研M文庫（1998年）
バルバロッサ作戦：パウル・カレル著、松谷健二訳/学研M文庫（2000年）
中東戦争全史：山崎雅弘著/学研M文庫（2001年）
クビンカフォトアルバム/CA-ROCK PRESS（1999年）
別冊ベストカー 戦闘車両デラックス 陸上自衛隊・陸戦兵器のすべてを見せます/三推社・講談社（2002年）
ワールドムック176 戦場のG.I./ワールドフォトプレス（1995年）
ミリタリーユニフォーム3 第二次世界大戦米軍軍装ガイド/並木書房（1995年）
ミリタリーユニフォーム4 第二次世界大戦ドイツ軍兵装ガイド 完全版/アルバン・並木書房（1997年）
航空ファン別冊 第二次世界大戦 ドイツの4号戦車/文林堂（1972年）
航空ファン別冊 第二次世界大戦のドイツ戦車 4号戦車写真集/文林堂（1978年）
航空ファン別冊 第二次大戦のドイツ戦車 自走砲戦車写真集/文林堂（1979年）
ドイツ機甲師団 第二次世界大戦ブックス15：ケネス・マクセイ著、加登川幸太郎訳/サンケイ新聞社出版局（1971年）
第2次世界大戦のドイツ戦車/サンデーアート社（1976年）

Sherman Firefly/Barbarossa books
HARF-TRACK A History of American Semi-Tracked Vehicles/PRESIDIO
MICHAEL WITTMAN and the TIGER COMMANDERS OF THE LEIBSTANDARTE/J.J. Fedorowics Publishing Inc.
VW Kubelwagen in detail/WWP
Schwimmwagen in detail/WWP
RUSSIAN TANKS AND ARMORED VEHICLES 1946-to the Present/Schiffer Military History
M3 HALF-TRACK in action/Squadron signal publications 1996
Army Uniform of World War 2 : Andrew Mollo, Malcolm McGregor/Blandford Press LTD 1973
Operation Barbarossa in photographs : Paul Carell/Schiffer Publishing Ltd.1991
PanzerkampfwagenVI P (Sd.Kfz.181) : Thomas L. Jenz, Hilary L.Doyle/Darlington Productions,Inc 1999
Israeli Elite Units : Samuel M. Katz/Arms and Armour Press 1987

アハトゥンク・パンツァー No.2～7/大日本絵画（1991～2003年）
パンツァーズ・アット・ソミュール No.1～3/大日本絵画（1990､1992年）
パンツァータクティク/大日本絵画（2002年）
「ハリコフの戦い」戦場写真集/大日本絵画（2001年）
バラトン湖の戦い/大日本絵画（2000年）
クルスクの戦い 戦場写真集 南部戦区 1943年7月/大日本絵画（2004年）
ティーガー重戦車写真集/大日本絵画（1998年）
ドイツ軍用車両戦場写真集/大日本絵画（1999年）
第653重戦車駆逐大隊 戦闘記録集/大日本絵画（2000年）
重駆逐戦車/大日本絵画（1994年）
軽駆逐戦車/大日本絵画（1996年）
突撃砲/大日本絵画（1997年）
ティーガー戦車/大日本絵画（1998年）
パンター戦車/大日本絵画（1999年）
突撃砲兵（上・下）/大日本絵画（2002年）
ティーガー 無敵戦車の伝説 1942～45（上・下）/大日本絵画（1991年）
SS戦車隊（上・下）/大日本絵画（1994年）
パンツァー・フォー/大日本絵画（1988年）
ティーガー戦車隊（上・下）/大日本絵画（1995､1996年）
世界の戦車イラストレイテッドシリーズ1～34/大日本絵画（2000年～2005年）
独ソ戦車戦シリーズ1～6/大日本絵画（2003年～2004年）
ジャーマン・タンクス/大日本絵画（1996年）
D-DAY タンクバトルズ/大日本絵画（1987年）
ラスト・オブ・ザ・パンツァーズ/大日本絵画（1987年）
ドイツ陸軍戦史/大日本絵画（2001年）

【雑誌】
グランドパワー/ガリレオ出版
パンツァー/アルゴノート
戦車マガジン/戦車マガジン
モデルアート別冊/モデルアート社
ホビージャパン別冊/ホビージャパン
タミヤニュース/タミヤ

モデルグラフィックス/大日本絵画
アーマーモデリング/大日本絵画
(順不同)

【謝辞】
◎記事を書くにあたり以下の皆様にご協力いただきました。ありがとうございます。(順不同)
　高田裕久様、尾崎正登様、曽山 学様、梅本 弘様、浪江俊明様、栗原 修様、尾藤 満様、菊地 晟様、菊川由美様、丹羽和夫様、マクシム・コロミーエツ様と小松徳仁様、富岡吉勝様、高橋慶史様、青木伸也様、松井康真様。海洋堂の平野様、村上様、谷様。タカラ様。アートボックスの皆々様。
　出版元の大日本絵画様、本にまとめる作業をしてくれた吉祥寺怪人氏にも、もちろん感謝してます。
　また、前書きを寄せていただいた宮脇センム、ありがとうございました。

あとがき
After word

この本は、戦車とはどういう乗り物なのか、必死で想像したモノである。

はじめに『モデルグラフィックス』編集部のあるアートボックスから話があって、戦車ライターの梅本 弘さんと方向性の相談をしていた。

「前にティーガーが日本の私道を、塀ぶっ壊しながら走るって絵を描いたでしょ。そんな、戦車を身近に感じるようなのにしましょう」と。

ただ、いまさら「強かった」では面白くない。面白そうなダメネタを拾うことになった。

もともと戦車なんて、ダメマシーンの王様みたいなものである。人殺しだし。こんなダメダメな物体に関わるとどうなるか、というのがテーマといえばテーマであろう。乗ってる人は“任務”なのであるが、手記なんかを細かく読んでみると、普通の人的感想が漏れ聞こえてきたりする。砲撃が心配なので、戦車の下に穴を掘って寝たという話がある。

「頭の上に、弾薬と燃料があることは考えないことにした」

やっぱり考えちゃったのだ！　全体にそういう視点で、エピソードを拾っていった。

そうそう、作業の途中で自分は遅い自動車免許を取った。“練度の低い操縦手”ってのがよくわかった。

自分が模型少年だったころ、戦車図解みたいなものがいっぱいあった。悲しいかな、そのときの刷り込み知識は一生わすれない。長じて、自分が送り手にまわって戦車解説書を描くことになった。周りの模型オヤジを見るに、はじめに覚えちゃったものはその人の今後を縛るのだから、それなりに緊張した。同時に子供時代の自分に向けて描くような気分になる。人生が一回りする変な感慨を味わった。

お菓子の付録の付録ではあるが、なにげな“新事実”や“新解釈”を織り込んでいる。なにより、ソ連崩壊による“東側”資料公開の恩恵に大きくあずかっている。KV戦車がダメ戦車だったなんて、今回勉強するまで知らなかったよ。原典にあたれないのが弱いところだが。陸上自衛隊広報センター図書室で資料を写していて、まるで大学のゼミ発表の仕込みを思い出した。本来なら、細かく出典の脚注を入れるべきであるんだが、かえってわけのわからないことになりそうだから省略した。

さて、イラストであるが、戦車をおさえておけば背景は何を描いてもよいので、我ながらノリノリであった。場面を考えるのは幸福な作業だ。ルポ仕事でいろいろな風景や季節、天候を描いてきてよかったなあ。ボックスアートと違って、カモフラージュで乗り物の形がわからなくなっても可であるし。また、2003年にイギリスの軍用車両イベントに行って、可動実車を山ほど見てきた。そこでわかったのだが、動いている戦車の色は、土の色だ。人の手が触れる部分が、いわゆる車体色で、あとはホコリー色。後半の絵は、そんなことにも気をつけて描いている。

そもそもの発表形態が、綴じ代のないチラシ様の紙である。普段の雑誌仕事と違い、周囲に援軍がまったくない。隣りのページがないのは、自分にとって冒険であった。が、模型の組立図みたいな仕上がりで、予想外に面白かった。

最後に、協力してくださった皆様、本当にありがとうございました。お世話になりっぱなしで、感謝しております。

モリナガ・ヨウ 2005年夏

2003年、イギリス取材にて
（ガス欠で歩いて給油所を
発見の図。撮影／尾崎正登）

【著者略歴】

モリナガ・ヨウ

MORINAGA Yoh

1966年東京生まれ
早稲田大学教育学部卒業（地理歴史専修）
漫画研究会在籍

大学在学中よりカットイラストの仕事をはじめ、今日に至る。
イラストルポで独自の世界を築く。
デビューは『朝日ウイークリー』【キャンパス光と影】イラスト。
立体造形も手がける。
1996年、『空想科学読本』表紙オブジェ製作。
以後同シリーズすべての表紙オブジェを担当することになる。
2000年、共同通信配信4コママンガ『あら、カナちゃん！』連載開始。
2002年、『知恵蔵』の別冊・豆蔵オブジェ。
タカラ／海洋堂『ワールドタンクミュージアム』解説書用イラスト。
2003年、初著作集『35分の1スケールの迷宮物語』、
『あら、カナちゃん！』（ともに小社刊）を出版。
タカラ／海洋堂『王立科学博物館』解説書用イラスト。
2004年、1月まんがの森『あら、カナちゃん！』原画展、
7月coredo日本橋にて王立科学博物館原画展、
文教堂青葉台ホビー館［モリナガ・ヨウのアーマーな世界］展、
8月京都高島屋［海洋堂大博覧会］で原画展示、
11月東京都写真美術館［ミッションフロンティア展］にて原画展示、
第8回文化庁メディア芸術祭漫画部門に『35分の1スケールの迷宮物語』が
ノミネート（無念のノミネートどまり）。
クインビーガーデン『黒澤 明　よみがえる巨匠の現場』解説用イラスト。
2005年、大和書房『科学の国のアリス』（福江純・著）表紙人形・挿絵、
静岡クリエイト［モデラーズフリマ］マスコット［プラコ］デザイン、ほか。

ワールド タンク ミュージアム図鑑

2005年10月27日　初版第一刷
2020年 1月13日　第十一刷

著者／モリナガ・ヨウ

発行人／小川光二
発行所／株式会社 大日本絵画
〒101-0054　東京都千代田区神田錦町1丁目7番地
Tel : 03-3294-7861（代表）　Fax : 03-3294-7865
http : //www.kaiga.co.jp/

企画・編集／株式会社アートボックス
〒101-0054　東京都千代田区神田錦町1丁目7番地　錦町1丁目ビル4階
Tel : 03-6820-7000　Fax : 03-5281-8467
http : //www.modelkasten.com/

編集人／小泉 聰
編集／海谷 武、菅原 基、神藤政勝
装丁・アートディレクション／横川 隆（九六式艦上デザイン）
デザイン／鈴木大亮
DTPオペレーション／小野寺徹
撮影／株式会社インタニヤ、株式会社アートボックス
協力／株式会社海洋堂、株式会社タカラ

印刷・製本／大日本印刷株式会社